KAWADE
夢文庫

世界の軍事力が2時間でわかる本

「軍事費」と「兵員数」の上位国を、
あなたは軽く言えますか?

ニュースなるほど塾[編]

河出書房新社

カバー写真◆DigVID/Demotix/Corbis
本文イラスト◆玉城 聡
◆谷崎 圭
地図版作成◆AKIBA
図表作成◆ファクトリー・ウォーター
協力◆ロム・インターナショナル

軍事を知らなければ世界の動きは読めない！——まえがき

韓国と北朝鮮の砲撃戦、中国軍の空母建造と南シナ海進出、ロシア軍による北方領土の軍備強化、イランの核開発……。ここ最近、新聞やテレビでは軍事をめぐるニュースがひんぱんに報道されている。

私たち日本人は、憲法で戦争放棄や戦力不保持を定めていることもあって、軍事に疎《うと》くなりがちだ。軍事と聞いただけで拒絶反応を示す人もいるだろう。

だがいまの時代は、軍事や戦争を知らなければ、世界の動きを把握することがむずかしい状況になっている。国家間の外交交渉の場で軍事力のもつウエイトが増しており、軍事力の優劣によって国際情勢が変化する傾向にあるからだ。

さて、あなたは、軍事費と兵員数の上位国を知っているだろうか。

SIPRI（ストックホルム国際平和研究所）が調査した軍事費の金額（2009年）を見ると、上位5か国は、1位アメリカ（6600億ドル）、2位中国（990億ドル）、3位イギリス（690億ドル）、4位フランス（670億ドル）、5位ロシア（610億ドル）の順に並んでいる。

いっぽう、『ミリタリーバランス2010年度版』などによる各国の兵員数（正規兵）では、1位中国（228万5000人）、2位アメリカ（158万人）、3位インド（131万6000人）、4位北朝鮮（110万6000人）、5位ロシア（102万7000人）となっている。

軍事費はアメリカがずば抜けて高く、兵員数も2位につけている。兵器の質・数についてもアメリカが群を抜いており、現在、世界最強の軍事大国はアメリカであるといえる。

そのアメリカを猛追しているのが中国だ。GDP（国内総生産）で世界2位に躍りでた中国は、その経済力を背景に凄《すさ》まじい勢いで軍拡を推しすすめている。軍事費では2位、兵力ではアメリカをも上回る。装備の多くが旧式という弱点はあるが、最近は空母やステルス戦闘機を導入するなど、着々と装備を整えつつある。

また、冷戦時代にはアメリカと並ぶ超大国だったロシア、核兵器や空母を保有するインドも有数の軍事大国といえる。

さらに、ランク外にも、近代装備の充実したイスラエルや、防衛能力は世界屈指《くっし》とされる日本など、隠れた軍事大国が多数存在する。

2009年には、世界全体の軍事費が前年比5・9％増と記録的な数値になった。

このまま世界が軍拡路線にむかっていくとすると、国際社会における軍事力の重みはいっそう増していく。したがって、世界の軍事力を知らなければ、時代に取り残されることになる。

軍事や戦争について考えたり議論することに違和感を感じる人もいるだろうが、世界的には軍事力は政治力、経済力などと並ぶ国力の源泉と考えられている。日本人も、もはや知らないですむ話ではないのだ。

本書では、先に挙げたような軍事費や兵力の現状、核兵器の保有国、兵器の輸出入額といった基本情報から、アメリカ、中国をはじめとした世界各国の軍事力、日本の置かれた状況などを、地図や図版を多用しながらわかりやすく解説した。本書を通じて軍事というパワーに目をむけ、世界の趨勢《すうせい》を読む手がかりにしてほしい。

ニュースなるほど塾

1 地図と最新データで知る世界の軍事情勢

軍拡の実態、核兵器やテロ組織の動向…はどうなっている？

2

軍事超大国アメリカと猛追する中国の実力

この両国の最新兵器の実力と世界戦略はどうなっている？

3

世界の軍事バランスを左右する有力国の実力

欧州、アジア、中東…その軍事情勢はどうなっている？

アジアの軍事情勢

中東の軍事情勢

5 軍事の新たな潮流 戦争の形態を変えていく

ロボット兵器、サイバー戦争…軍事の世界で何が起きている？

軍拡の実態、核兵器やテロ組織の動向…はどうなっている?

1

地図と最新データで知る世界の軍事情勢

冷戦後も世界の軍事費が増え続ける理由

東西冷戦時代、アメリカを盟主とする西側諸国とソ連（現ロシア）を盟主とする東側諸国は、軍備増強にしのぎを削った。

その結果、世界の軍事費は拡大しつづけたが、冷戦が終結すると、軍備増強の必要はなくなり、軍事費は縮小傾向にむかった。

ところが21世紀に入ってから、世界各国はふたたび軍事力を増強しはじめた。SIPRI（ストックホルム国際平和研究所）などの報告によると、２００９年の世界の軍事費は前年に比べて５・９％増えている。

欧米諸国に関しては、世界金融危機の影響による国家予算の減少もあって、軍事費はあまり変化していない。２００９年には約６６００億ドルの軍事費を計上し、世界全体の約２分の１を占めるアメリカは、01年の同時多発テロ以降、「テロとの戦い」を標榜《ひょうぼう》してアフガニスタンやイラクに膨大な戦力を送りこんだが、軍事費の対GDP比は４・１％（世界25位）で、基本的には軍縮傾向にある。

アメリカの盟友イギリスの軍事費は６９０億ドル、フランスは６７０億ドル、ド

突出するアメリカの軍事費

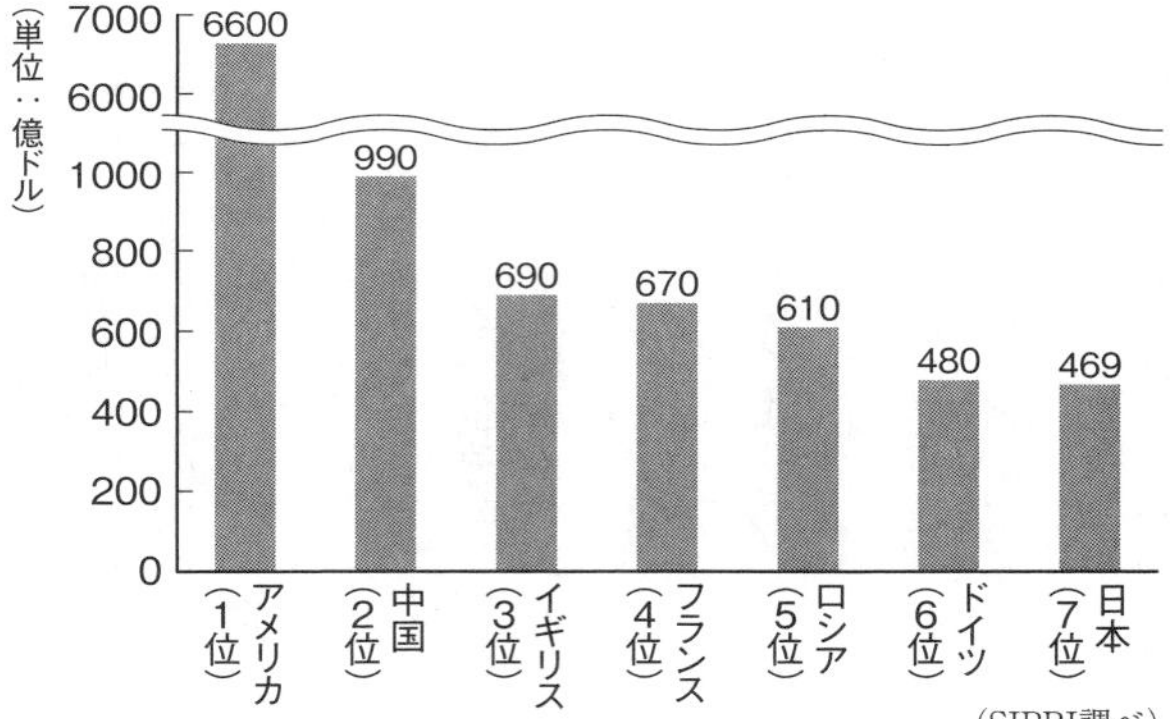

(SIPRI調べ)

イツは４８０億ドル、そしてかつてアメリカと覇《は》を競い合ったロシアは６１０億ドルで、ヨーロッパもほぼ横ばいだ。

では、なぜ世界の軍事費が増加しているのかというと、発展途上の国々での増加が著しいからだ。途上国の過去5年間の軍事費の伸び幅は、なんと20%。これが世界全体の軍事費拡大の要因になっている。

とくに目立つのは中国である。中国の軍事費は１９８９年以来、21年間にわたって10%超の拡大をつづけ、２０１０年時点で９９０億ドルと、アメリカにつぐ世界2位にまでのし上がった。中国の軍事戦略は国際社会に公表されていないので詳細は不明だが、陸海空軍の増強をはじめ情報化・ハイテク化、サイバー戦部隊、宇宙における対衛星兵器の開発などに力を入れているといわれている。

その中国に牽引《けんいん》されるように、インド、韓国、シンガポール、インドネシア、ベトナムといった東アジアの国々でも軍拡がすすんでいる。中国の海洋進出への対抗策として、またミサイルや核兵器開発に熱を入れる北朝鮮を警戒しての軍拡と見る向きが強い。

さらに中東やアフリカなどでは、内戦や紛争がいまだにつづき、政情不安な状況に陥っていることも、世界の軍事費拡大の原因となっている。

欧米諸国は軍縮にむかい、アジアやアフリカの国々は軍拡にむかう……。これが現在の軍事的な潮流といえるだろう。

核兵器の〝拡散〟はどのくらい進んでいるのか？

人類がつくりだした最強最悪の兵器といえば、核兵器である。ひとたび核戦争が起これば、攻撃された国が壊滅的なダメージを受けるだけでなく、人類の存続すら危うくなる。

では現在、世界にどれくらいの核兵器が存在しているのだろうか。

核保有国の核弾頭数

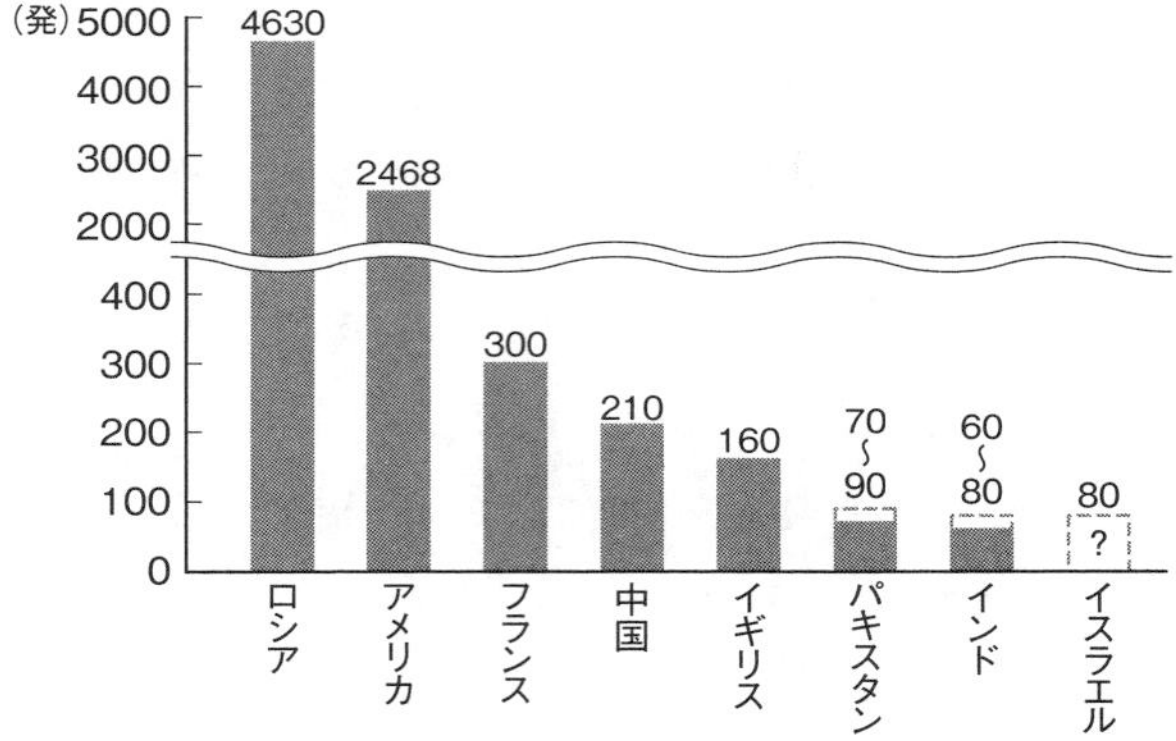

核をめぐる国際情勢を見るとき、まず注目すべきは、アメリカ、ロシア、イギリス、フランス、中国だ。これら5か国はみな国連の常任理事国である。国連は世界平和を希求する組織のはずだが、5か国は1968年に締結された核拡散防止条約（NPT）において核保有を認められており、ロシアが4630発、ついでアメリカ2468発、フランス300発、中国210発、イギリス160発、合計7768発もの核弾頭をもっている。

また、NPTに加盟せずに核をもつに至った国も存在する。よく知られているのはインドとパキスタンで、インドは60〜80発、パキスタンは70〜90発の核弾頭を保有している。イスラエルも80発の核弾頭をもっているといわれるが、政府が完全黙秘を貫いており、実態はわかっていない。

そもそも、これほどの核兵器が地球に存在しているのは、東西冷戦下で核開発競争が行なわれたからだ。冷戦が終結したいまとなっては、数の多い少ないはさほど意味をなさないため、アメリカなどが冷戦後、核廃絶にむけて始動している。オバマ大統領は２００９年に「核なき世界」の実現を演説で提唱したり、10年にロシアと戦略核の削減条約に調印するなど積極的な動きを見せている。

しかしそのいっぽうで、核の拡散がしだいに深刻化しているとの声もある。近年、安全保障や国威発揚《こくいはつよう》の目的で、密かに核開発をすすめる国が増えているのだ。

たとえば、北朝鮮は２００６年と09年に核実験を行ない、現在では2～20発の核兵器を保有しているとされる。イランも「核の平和利用」を謳《うた》いながら、高濃縮ウランを核兵器に転用している可能性が高いといわれている。

ＩＡＥＡ（国際原子力機関）は、査察によって核兵器の有無をチェックしているが、その効果は十分とはいえない。新興国のなかには、大国による核の独占に反発し、密かに核開発をすすめようとする国もある。それは北朝鮮やイランの事例を見れば明らかだろう。

さらに核兵器や核の製造技術がテロリストに狙われており、核テロの脅威が現実味を増しているとの指摘もある。

オバマの提唱する「核なき世界」が実現するまでには、残念ながらもうすこし時間がかかりそうだ。

武器の〝輸出大国〟と〝輸入大国〟はどこか?

世界的な不況がつづくなかでも、大きな売り上げがあるのが兵器産業だ。

SIPRIの報告によれば、世界の兵器輸出額(2005~09年の平均)のトップはアメリカで69億ドル、2位はロシアで54億ドル、3位ドイツ25億ドル、4位フランス19億ドル、5位イギリス10億ドル。

逆に輸入国を見ると、世界1位は中国で22億ドル、2位はインドで17億ドル、3位は韓国14億ドル、4位アラブ首長国連邦(UAE)13億ドル、5位ギリシャ9億ドルとつづく。

主な輸入元は、中国とインドではロシアの占めるシェアが多く、韓国、UAE、ギリシャではアメリカのシェアが多い。つまり、兵器産業の中心にいるのはアメリカとロシアで、両国から各国へ大量の兵器が売られている。

兵器輸出上位国と輸入上位国

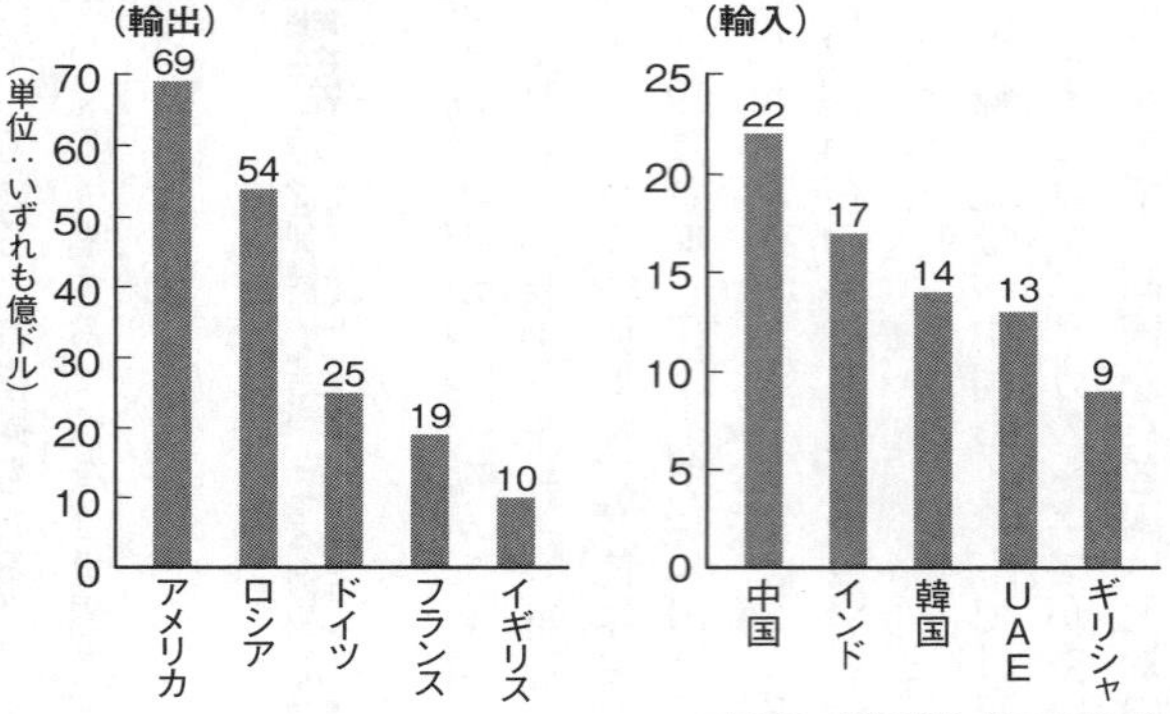

（2005〜09年平均、SIPRI調べ）

アメリカは核兵器などの軍縮を謳いながら、いっぽうでは外国に大量の武器を売りさばいていることになるが、これには理由がある。アメリカでは軍需産業が不振になると自国の経済に少なからぬ打撃を与えるからだ。

２００８年の世界の兵器製造メーカー売上高ランキングでは、１位こそ、イギリスの企業ＢＡＥシステムズだが、２位ロッキード・マーチン、３位ボーイング、４位ノースロップ・グラマン、５位ゼネラルダイナミクス、６位レイセオン……といった具合に、アメリカのメーカーが名を連ねている。こうした軍需産業に従事する人々の数は、５００万人にも及ぶといわれ、これだけ大量の労働者を失業させるわけにはいかない。

また軍需産業はその性格上、国家権力と結びつくケースが多く、政治家は兵器の需要が減ると、失業者を出さないように戦争の機会を創出して、軍需産業の生産拡大をはかるとさえいわれている。こうした軍需産業と国家権力の癒着《ゆちゃく》を「軍産複合体《ぐんさんふくごうたい》」と呼ぶ。

軍産複合体はロシアでも強大化している。ソ連時代、軍需産業は軍産複合体が担っていたが、ソ連解体後にロシア政府は軍事部門よりも電化製品などの民需製品の割合を増やしたところ、経済の落ちこみが甚《はなは》だしく、軍事企業も多くが瀕死《ひんし》の状態に陥った。

そこでロシア政府は海外への兵器輸出に方向転換をはかった。石油や天然ガスで国家財政が潤《うるお》ったこともあり、兵器を生産しては途上国に売却。結果、２００１年から08年までに兵器の輸出額が２・３倍にも増加したという。

なお、将来的に輸出大国になると考えられているのが中国だ。中国は世界一の兵器輸入国だが、近年は国産兵器の製造に力を入れ、アフリカなど途上国への輸出を増やしている。経済の成長ぶり、軍備増強につとめている現状を見ると、中国がアメリカ、ロシアに追いつき追い越す日がやってきても何ら不思議はない。

一触即発の緊張状態が続く、紛争の危険地帯とは？

第二次世界大戦が終結したとき、世界は二度と戦争をくり返さないと誓った。しかし、その後まもなく米ソを中心とした東西冷戦がはじまり、冷戦が終結すると、今度は各地で民族・宗教紛争が頻発し、テロ活動も激しくなった。

今日も、世界のあちこちに紛争・係争地が存在しており、当事国は軍事力を増強しつづけている。では、軍事的緊張が高まっている地域はどこなのか。ここでは世界各地の〝ホットスポット〟を確認していこう。

近年、もっとも緊張状態にあるのが東アジアだ。軍事大国化しつつある中国を中心にさまざまな問題が浮上している。たとえば南シナ海では中国、台湾、ベトナム、フィリピン、マレーシア、ブルネイが南沙《なんさ》諸島の領有権をめぐって一触即発の状態になっている。2011年5月には、中国によるベトナム探査妨害事件が起きた。中国はまた、東シナ海の尖閣《せんかく》諸島問題でも日本と対立中。2010年の中国漁船衝突事件は記憶に新しい。中国は西太平洋への進出をめざしているといわれ、今後も太平洋につづく南シナ海、東シナ海でのイザコザはつづくと考えられる。

朝鮮半島では南北対立激化の懸念《けねん》がある。2010年3月、韓国海軍の哨戒艇《しょうかい》が北朝鮮の潜水艦の魚雷により爆発、沈没したと韓国側が発表。同年11月にも大規模な砲撃戦がくりひろげられ、一気に緊張が高まった。

「世界の火薬庫」と呼ばれる中東では、アメリカの対テロ戦争の傷痕《きずあと》が生々しく残されている。アフガニスタン戦争は01年に勃発し10年が経過したが、戦局は泥沼化。アメリカ軍兵士の死者は1000人を超え、反政府武装勢力タリバンを壊滅できずにいる。

イラク戦争は2010年8月31日、オバマ大統領によってイラク駐留アメリカ軍の任務完了が宣言され、米軍は全面撤退の運びとなった。しかし、イスラム教シーア派とスンニ派、クルド人による対立は根深く、政情安定にはほど遠い。

1948年のイスラエル建国から半世紀以上つづくパレスチナ紛争も、いまだに解決のめどが見えていない。2010年に中東和平交渉が再開したものの、難民の帰還問題やユダヤ人入植地問題が残っており、前途多難だ。イスラム原理主義組織ハマスの動きしだいでは、イスラエル軍が大規模攻撃に出る可能性もある。

アフリカ大陸では、スーダン情勢から目が離せない。このアフリカ中部の国は20年以上つづいた南北内戦を経て、2011年7月に南スーダンが分離独立した。し

軍事衝突の危険がある地域

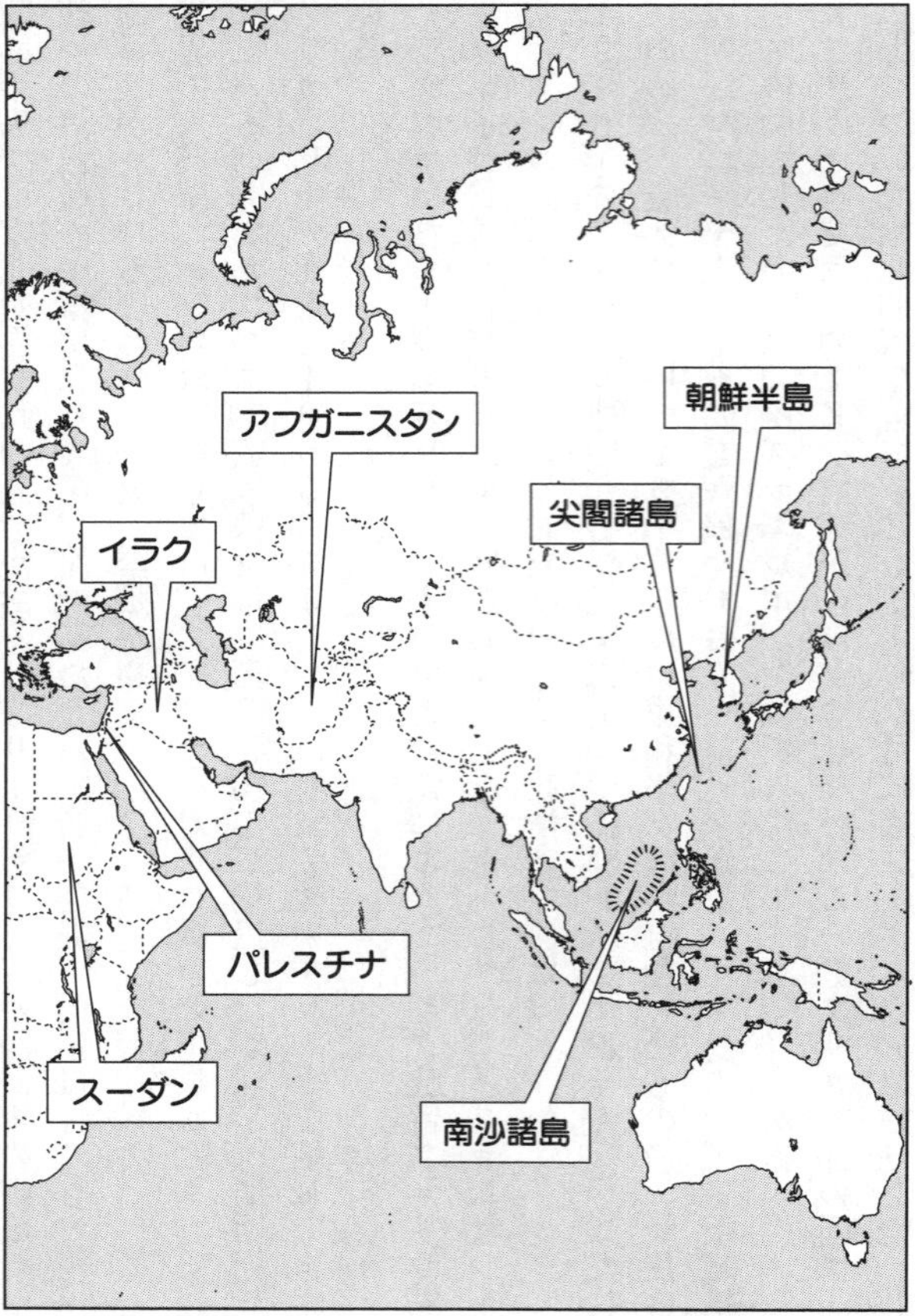

かし、石油資源の分配や国境画定作業などの問題をきっかけに、南北がふたたび火花を散らすことも考えられる。予断は許されない状況だ。

以上が現在の主な軍事的ホットスポットである。これらの地域で、各国がどのように軍事戦略をとるのかが国際情勢を見るうえでのポイントになるだろう。

ビンラディンの死後も軍事力を保ち続けるテロ組織

2011年5月、国際テロ組織アルカイダの指導者オサマ・ビンラディンがアメリカ軍によって殺害された。2001年の9・11同時多発テロ以降、対テロ戦争を掲げて活動してきたアメリカは、ついにひとつの区切りをつけたが、これで世界からテロ攻撃が一掃されるわけではない。アルカイダが消滅したわけではなく、また世界中に国際テロ組織がまだまだ存在しているからだ。

そのなかでアメリカがとくに恐れているテロ組織が、イエメンの「アラビア半島のアルカイダ（AQAP）」や、アルジェリアの「イスラム・マグレブのアルカイダ（AQIM）」である。これらは文字通りアルカイダ系の組織で、ビンラディン殺害を機に組織の団結を強めている。今後、再復活をかかげ、激しいテロ攻撃に出るとも予想されている。

ＡＱＡＰの兵力は６００人、ＡＱＩＭの兵力は４００人。数的にはそれほど多くないが、密輸によって手に入れたロシア製の対戦車ロケット、機関銃、ライフル、爆発物など武器は相当なものだ。ＡＱＩＭは、政府軍と反体制派の戦闘がつづくリビアの混乱に乗じて、地対空ミサイルを入手したとの噂もある。

アルカイダと関係の深いアフガニスタンの「タリバン」も強大な軍事力を有している。アメリカ軍の攻撃によって一時は壊滅状態に陥ったものの、現在は兵力を３万６０００人にまで回復させ、アフガン南部（都市部をのぞく）を支配下に置いている。

アフガニスタンは麻薬の原料となるケシの生産地。タリバンはこれを資金源にして中国製の地対空ミサイル、対空砲、地雷、ロケット弾および道路設置爆弾部品などを購入。反米のイランからもロケット弾などを調達し、世界一の軍事力を誇るアメリカ軍に対抗している。

また、イスラエル軍と戦闘をつづけるパレスチナの「ハマス」が1万数千人の兵力を有するほか、レバノンの「ヒズボラ（神の党の意味。イスラム原理主義の政治・軍事組織）」も５０００人の兵力と3万発のロケット弾、射程距離１００キロのミ

強い勢力を保ちつづけるテロ組織

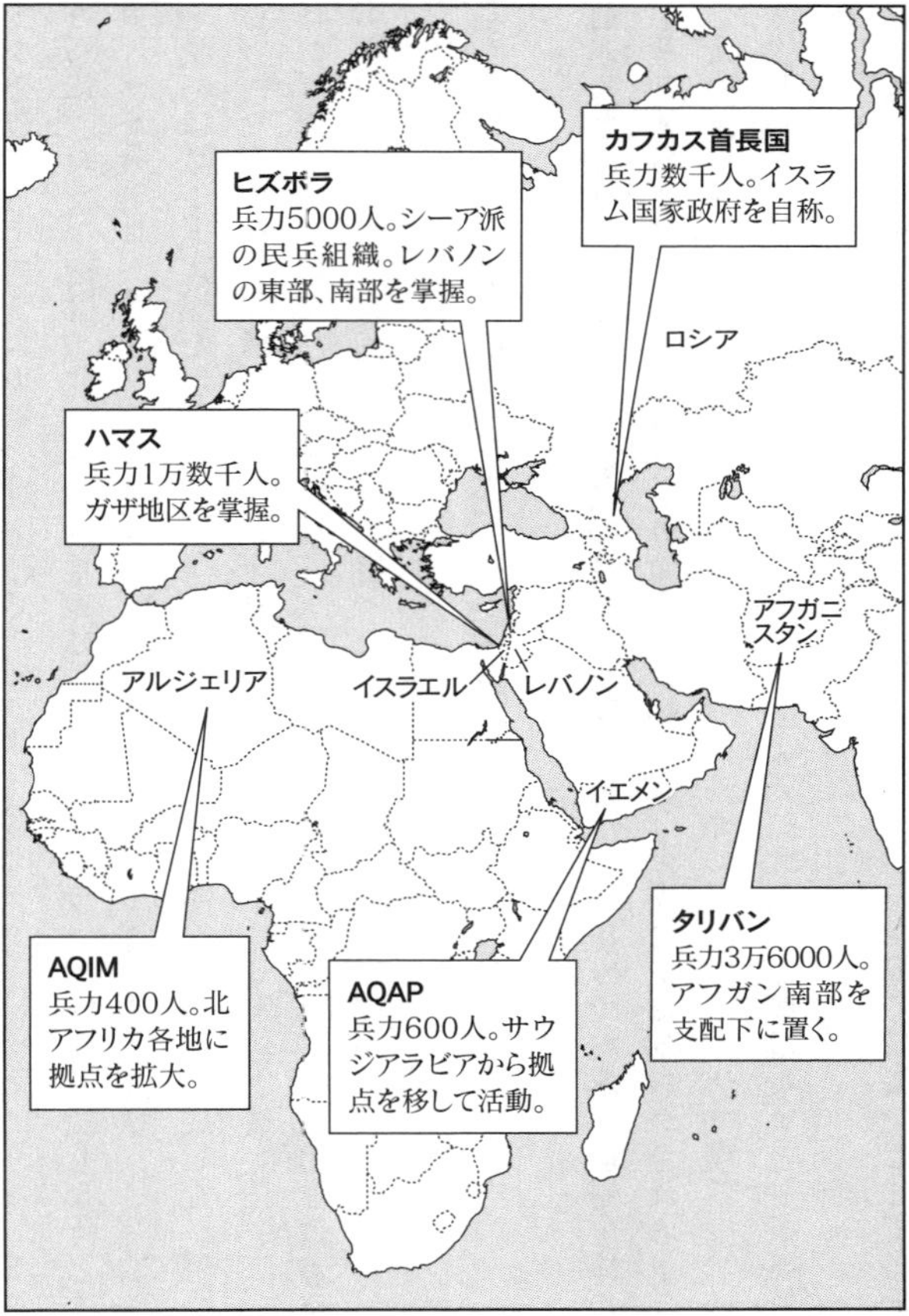
ヒズボラ
兵力5000人。シーア派の民兵組織。レバノンの東部、南部を掌握。
カフカス首長国
兵力数千人。イスラム国家政府を自称。
ロシア
ハマス
兵力1万数千人。ガザ地区を掌握。
アフガニスタン
アルジェリア
イスラエル
レバノン
イエメン
AQIM
兵力400人。北アフリカ各地に拠点を拡大。
AQAP
兵力600人。サウジアラビアから拠点を移して活動。
タリバン
兵力3万6000人。アフガン南部を支配下に置く。

サイルを有し、イスラエル軍に対抗している。

さらに、ロシア南部の北カフカス地方に独立したイスラム国家を建設しようとするイスラム過激派「カフカス首長国」は、自爆攻撃によって世界を震撼《しんかん》させている。推定兵力は数千人規模だが、夫を戦争で亡くした女性たちを中心に編成した「黒い未亡人」などのテロ組織をもち、地下鉄や空港で自爆攻撃をくり返している。

ビンラディンが死んだからといって、対テロ戦争は終わらない。テロ組織は着々と軍事力を強化し、政治家や市民を狙ったテロを企てている現実がある。

アメリカ軍はどのように世界に展開しているのか？

前述のとおり、現在、世界最大の軍事力を誇る国はアメリカである。世界全体の軍事費の約5割に相当する6600億ドルの国防費、世界2位にランクされる158万人の正規兵、最新鋭の兵器の数々……。アメリカの軍事力は、テロ攻撃やゲリラ戦で苦戦することはあっても、通常の戦争で太刀打《たちう》ちできる国はないと評価されるほどのものなのである。

この強大な軍事力を背景に、アメリカは東西冷戦後、〝世界の警察〟として各地の紛争処理・秩序維持にあたってきた。では、アメリカ軍はどのように世界展開をしているのだろうか。

そもそもアメリカ軍は、6つの地域方面軍と4つの機能別統合軍からなる。

地域方面軍はヨーロッパ軍（ヨーロッパ、ロシアを管轄《かんかつ》）、太平洋軍（パシフィック・コマンド）、中央軍（エジプトと中東、中央アジアを管轄）、北方軍（カナダ、メキシコ、アメリカ合衆国を管轄）、南方軍（中南米とカリブ海を管轄）、アフリカ軍（エジプトをのぞくアフリカを管轄）の6つに分かれている。

この6つの地域方面軍のうち、北方軍は2001年以降つづくアメリカの対テロ戦争と新世界戦略にもとづいて、アメリカ本土を守ることを任務とする。02年に創設された。本土防衛以外には、カナダと共同で統合防衛組織を運営したり、衛星、核ミサイル、戦略爆撃機などを監視している。

アフリカ軍は、内紛や紛争が頻発するアフリカの人道支援や紛争予防、国際テロ組織の拡大阻止のため2008年から実動を開始した。アフリカのエネルギー資源獲得に躍起になっている中国を警戒する目的もあるといわれる。

いっぽう、機能別統合軍は統合戦力軍、特殊作戦軍、戦略軍、輸送軍の4つに分かれる。統合戦力軍は陸海空、海兵隊の4軍の合同戦略・訓練などの開発や実験を

世界を6分割するアメリカの地域方面軍

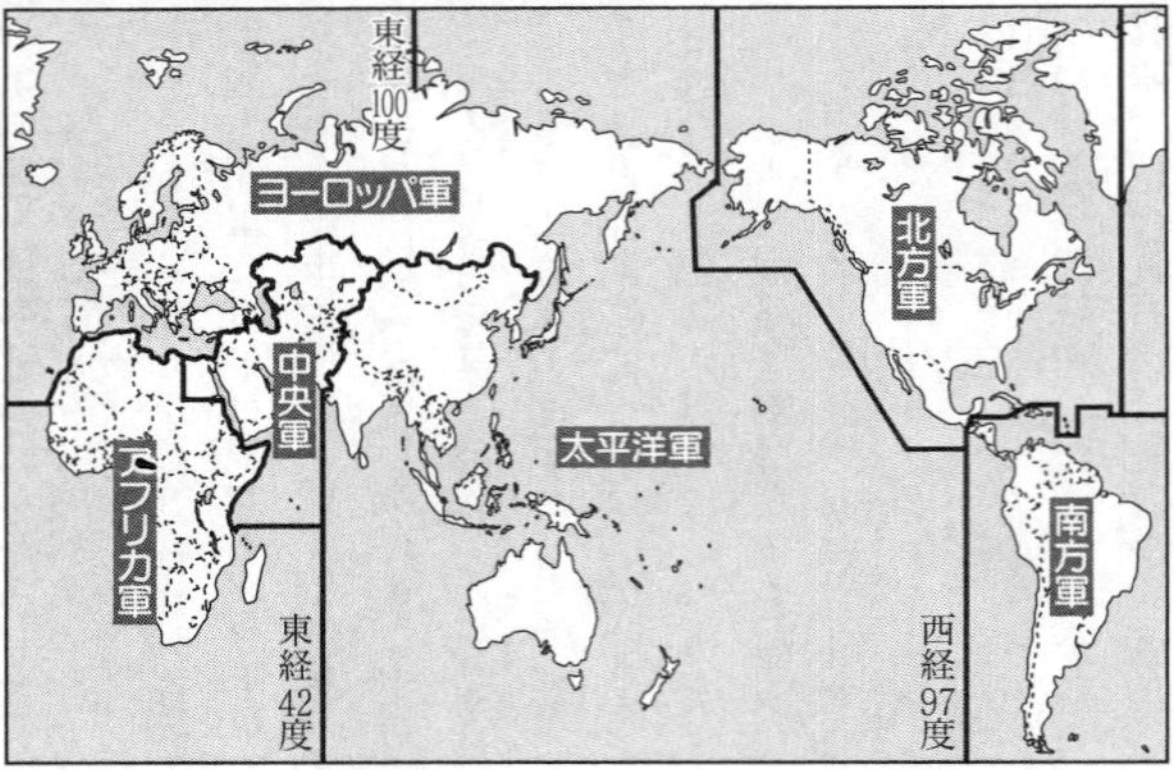

先導し、特殊作戦軍はテロ対策、対薬物戦争、特殊偵察などを任務とする。戦略軍はミサイル防衛、軍事衛星、サイバー戦、核戦略といった地球規模での戦略を担当、輸送軍は文字通り、人員と輸送装備を配備する役目を担う。

冷戦体制下のアメリカ軍は、ソ連をはじめとした共産主義国家を仮想敵国と見なし、西ヨーロッパや東アジアに海外基地を設けて展開していた。だが、2001年の同時多発テロ以降、最大の敵は、テロ組織とそれを支援する国、大量破壊兵器の開発をすすめる国に変わった。

こうした国際情勢の変化に合わせて、アメリカ軍はその戦力を西ヨーロッパや東アジアから中東、中央アジア地域にシフトさせ、同地域を中心にテロや紛争に即応できるような編成への転換をすすめている。しかし、今後、世界情勢が変化すれば、アメリカ軍の編成もまた改められることになるだろう。

国連が派遣するPKO部隊の〝強み・弱み〟とは?

アメリカは世界の警察として、一か国で全世界をフォローしようとしている。いっぽう、複数国が協力して国際社会を安定化させようと努力しているのが国連のPKO部隊だ。

PKOとは「国連平和維持活動」の略で、PKO部隊は国連の最重要機関である安全保障理事会によって派遣される。

かつては紛争が発生した地域で停戦合意が成立した後、紛争国の停戦を監視したり、紛争の再発を防止することが主な任務だったが、冷戦が終結すると武装解除の監視や選挙・行政監視、難民処理なども行なうようになった。

2000年ごろからアフリカ、中東を中心に大型ミッションが増加したため、派遣人員数が増加しており、2010年には115か国の約10万2000人が参加。

現在も世界15か国で活動が行なわれている。

ＰＫＯ部隊の強みは、国連加盟国が自発的に提供する部隊で構成されていることから、特定の国の影響を受けることがなく、部隊を派遣された国としても受け入れやすいという点にある。絶えず戦争が行なわれている現在の世界では、このＰＫＯ部隊にかかる期待は大きい。

だがそのいっぽう、難点も指摘されている。そもそも国連は、「世界政府」ではない。したがって安保理決議には強制力がなく、安保理決議に従うか否かは最終的に主権国家の判断に任される。受入国の同意がなければ、その国で大量虐殺が行なわれていたとしても、ＰＫＯ部隊を派遣することはできず、人命を救えない。

また、近年は紛争が解決していない状態の国や地域にＰＫＯ部隊が投入されるケースも多い。そのため、隊員は危険な状況に置かれがちだ。

たとえば２０１０年12月、大統領選をめぐる内紛がつづくコートジボワールに派遣されたＰＫＯ部隊は、選挙管理委員会の発表に反して政権に居座るバグボ氏陣営により、物資供給を止められてしまい、兵糧《ひょうろう》攻めにあった。

部隊の能力向上などをふくめ、ＰＫＯ活動において改善されるべき課題は多い。

世界で活動中のPKO部隊

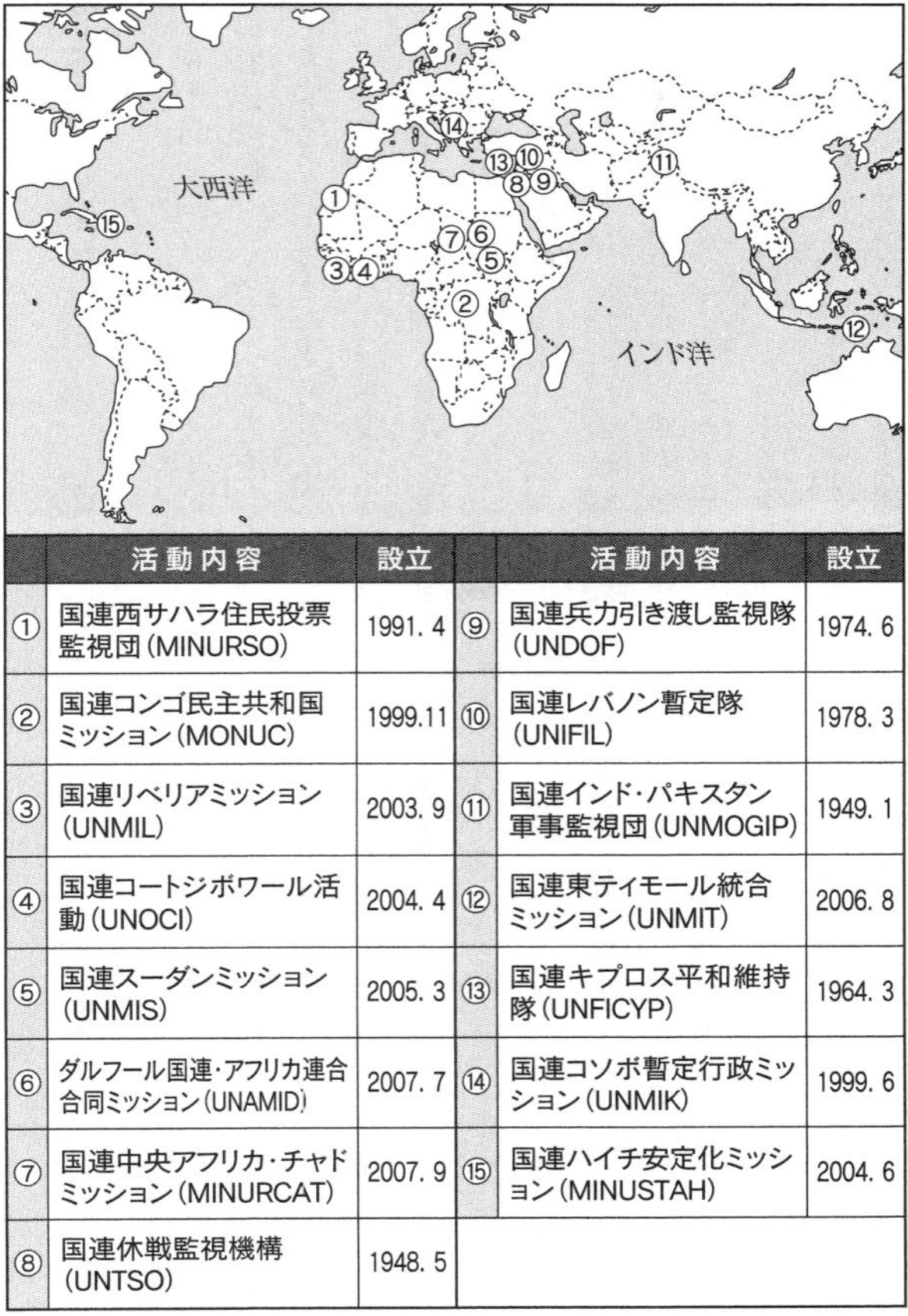

	活動内容	設立		活動内容	設立
①	国連西サハラ住民投票監視団（MINURSO）	1991. 4	⑨	国連兵力引き渡し監視隊（UNDOF）	1974. 6
②	国連コンゴ民主共和国ミッション（MONUC）	1999.11	⑩	国連レバノン暫定隊（UNIFIL）	1978. 3
③	国連リベリアミッション（UNMIL）	2003. 9	⑪	国連インド・パキスタン軍事監視団（UNMOGIP）	1949. 1
④	国連コートジボワール活動（UNOCI）	2004. 4	⑫	国連東ティモール統合ミッション（UNMIT）	2006. 8
⑤	国連スーダンミッション（UNMIS）	2005. 3	⑬	国連キプロス平和維持隊（UNFICYP）	1964. 3
⑥	ダルフール国連・アフリカ連合合同ミッション（UNAMID）	2007. 7	⑭	国連コソボ暫定行政ミッション（UNMIK）	1999. 6
⑦	国連中央アフリカ・チャドミッション（MINURCAT）	2007. 9	⑮	国連ハイチ安定化ミッション（MINUSTAH）	2004. 6
⑧	国連休戦監視機構（UNTSO）	1948. 5			

自衛隊の海外展開は、どのように進められているのか？

日本の自衛隊は、1954年に日本防衛のために組織された特別機関である。日本国憲法は戦争放棄と、戦力をもたないこと、交戦権の否認を定めているため、専守防衛の必要最小限の実力行使だけを認められている。

冷戦下の自衛隊は、日米安全保障条約にもとづき、在日米軍の日本防衛機能を補完する役割だけを担ってきた。しかし冷戦終結後の1992年には、国際平和協力法（PKO法）の制定によって、海外での平和維持活動に参加できるようになり、世界各国へ派遣されるようになった。もちろん、海外にいっても武力行使は認められず、その活動は、被災民の救援や復興活動にかぎられる。

自衛隊初の海外派遣は、1991年のペルシャ湾派遣だった。イラク軍によってペルシャ湾にまかれた機雷を除去するという任務だ。

ところが日本国内では、派遣をめぐって反対論が巻き起こった。反対論の大半は自衛隊の海外派遣が憲法に反する軍事行動に当たるという主張だったが、掃海部隊の派遣はアラブの人々に歓迎された。

自衛隊による国際平和協力活動

期間	国際平和協力業務 （業務区分）	地域
92年９月～93年９月	カンボジア （国連平和維持活動）	東南アジア
93年５月～95年１月	モザンビーク （国連平和維持活動）	アフリカ
94年９月～94年12月	ルワンダ （人道的な国際救援活動）	アフリカ
96年２月～	ゴラン高原 （国連平和維持活動）	中東
99年11月～00年２月	東ティモール （人道的な国際救援活動）	東南アジア
01年10月～	アフガニスタン （人道的な国際救援活動）	中央アジア
02年２月～04年６月	東ティモール （国連平和維持活動）	東南アジア
03年３月～03年４月	イラク （人道的な国際救援活動）	中東
03年７月～03年８月	イラク （人道的な国際救援活動）	中東
07年３月～	ネパール （国連平和維持活動）	南アジア
08年10月～	スーダン （国連平和維持活動）	アフリカ
10年２月～	ハイチ （国連平和維持活動）	中南米

そして１９９２年にＰＫＯ法が制定されると、まずカンボジアに１２１６人が派遣され、内戦で破壊された国のインフラ復興に大きく貢献した。

１９９３年にはアフリカのモザンビーク派遣、１９９６年には中東のゴラン高原派遣、１９９９年には東ティモール難民救援派遣が行なわれ、東ティモールには史上最大規模の２３００人が派遣された。

また２００１年のアメリカ同時多発テロ以降は、「テロとの戦い」が日本の自衛隊にも課せられるようになり、２００１～07年にかけて約1万３０００人の自衛隊員がアメリカ海軍艦艇への給油や被災民の救援活動を行なった。

さらに２００４～06年には、小泉内閣がイラク特別措置法を成立させ、イラクに自衛隊を創設以来はじめて派遣した。このイラク復興支援活動では、陸上自衛隊から約５６００人、海上自衛隊から約３３０人、航空自衛隊から約２９４０人が派遣されたが、またしても国内で侃侃諤諤《かんかんがくがく》の議論が戦わされた。自衛隊がイラク戦争の戦後統治に関与し、テロ攻撃など危険が予想される地域に派遣されたからだ。

２００９年からはアフリカのソマリア沖に出没する海賊に日本の民間船が襲撃される事件が発生したため、日本政府は護衛艦や軍用機を派遣して警護活動を行なっている。今後も自衛隊の海外派遣は重要任務になっていくのは必至だが、規模や能力においては他の先進国に並ぶまでには至っていないのが実情である。

いまなぜ小型ミサイルの拡散が懸念されるのか?

ミサイルは近代兵器の代表格だが、ひとくちにミサイルといってもさまざまな種類がある。よくニュースで取り上げられる巨大な弾道ミサイルから、兵士ひとりで取り扱い可能な小型ミサイルまで多種多様だ。

弾道ミサイルは東西冷戦時代の軍拡競争のなかで開発がすすめられた。その性能は音速の二十数倍の速さで大気圏外を弾道を描きながら飛行し、目標へとむかっていく。射程距離によって大陸間弾道ミサイル(ICBM)、中距離弾道ミサイル(IRBM)、短距離弾道ミサイル(SRBM)に大別される。

ICBMは、アメリカとロシアの本土間の最短距離5500キロ以上の射程をもつ、弾道ミサイル。潜水艦発射弾道ミサイル(SLBM)、戦略爆撃機と並んで、戦略核兵器3本柱のひとつに数えられている。現在はアメリカ(550基)、ロシア(735基)、中国(42基)の3か国しか保有していない。

IRBMは射程1000~5500キロの弾道ミサイル。中国、インド、北朝鮮、パキスタン、イラン、イスラエルが保有しているとされ、北朝鮮もテポドンなどのIRBMの開発をすすめている。

SRBMは射程1000キロ以下の弾道ミサイル。核弾頭搭載については、アメリカとロシアはINF条約によりIRBMと射程500キロ以上のSRBMは冷戦中に廃棄したが、中国やインドは保持しつづけている。

そして注目すべきは、現在のミサイルの流行が、大型ミサイルよりも小型ミサイルにシフトしてきている点だ。冷戦時代には一基のロケットで核弾頭を10発も搭載して発射するミサイルが登場したが、現在は対テロ戦争が主流となったため、IRBM、SRBMの小型ミサイルが主流になってきているのである。

小型ミサイルは運搬しやすく、価格も安い。したがって、アジアや中東、アフリカなどの後発国へ拡散することが懸念されている。

いまなお死傷者を出し続ける対人地雷問題とは?

戦闘員、非戦闘員の区別なく、甚大な被害を与えるという非人道的な兵器、地雷。地雷は現代の戦争や紛争でさかんに用いられており、多くは戦争が終わったあとも撤去されずに放置されたままだ。そのため、多くの一般市民や子どもたちが犠牲になっている。

国連や赤十字国際委員会などの調査によれば、埋められたままになっている地雷は、世界に約1億1000万個あり、毎年約2万人が死傷している。地域別に見るとアジア太平洋地域の犠牲者がもっとも多く、南北アメリカ、アフリカ、中東などとつづく。2009年の国別データではアフガニスタン859人、コロンビア674人、パキスタン421人、ミャンマー262人、カンボジア244人と、数多くの尊い命が失われている。

地雷はほかの兵器に比べて価格が安い。しかも手軽に扱えるから、需要が減ることはない。このままでは犠牲者は増えるばかりだが、明るい兆《きざ》しも見えている。

1990年代はじめから、地雷は人道上きわめて残酷だという認識が世界に高まり、国連やクリントン米大統領などが中心となって対人地雷問題への取り組みがはじまったのだ。

1999年には対人地雷の使用、貯蔵、生産、移譲などの全面的禁止、貯蔵地雷の4年以内の廃棄、埋設《まいせつ》地雷の10年以内の除去を義務づけたオタワ条約が発効され、日本を含め85か国が締結した。

地雷禁止国際キャンペーン（ＩＣＢＬ）の報告によると、オタワ条約が締結されてから地雷の使用国、生産国は年々減少し、撤去作業も行なわれはじめている。

だがいっぽうで、いまだに地雷を使用する国や武装集団もあり、インド、ミャンマー、パキスタンの３か国は２０１０年に地雷を製造したことが確認されている。

また、各国ですすめる地雷除去作業も、除去期限の延長を申請するなど遅れが目立ち、ベネズエラは条約締結から10年たっても、まったく除去をはじめていない。

世界中のすべての国がオタワ条約を批准し、使用、製造を止める日はいつになるのか、各国の努力が求められている。

2

この両国の最新兵器の実力と世界戦略はどうなっている?

軍事超大国アメリカと猛追する中国の実力

米中の軍事力を比較する

2位中国を圧倒するアメリカの軍事費

現在、世界にはアメリカの軍事力に対抗できる国はないといわれている。アメリカと対立する国々が大規模な反米同盟を結成し、アメリカと武力衝突に及んだとしても、現在のアメリカ軍には太刀打《たちう》ちできないというのだ。

こうした世界最強の軍隊を支えているのが膨大な軍事費だ。1991年にソ連が崩壊したことによって、アメリカは世界で唯一の超大国となり、冷戦時代のように軍拡競争を行なう必要がなくなった。また、近年は世界的な景気低迷にともない、国家予算が減少しているため、アメリカやヨーロッパは軍縮路線を歩んでいる。

それにもかかわらず、アメリカの軍事力は世界一を維持しつづけている。世界の軍事費を見ると、アメリカが6600億ドルでダントツのトップ。2位の中国を7倍近く引き離し、2位から13位の総額とほぼ同じになる。

そして陸軍66万2000人、海軍33万5000人、空軍33万4000人、海兵隊

ニミッツ級空母／ヘリコプターと合わせて90機程度の艦載機が搭載できる。世界最大級の原子力空母で、同型艦は10隻ある

F-15戦闘機／愛称イーグル。最大速度マッハ2・5。1976年に運用が開始され、いまなお世界トップクラスの実力機である

20万4000人からなる158万人(世界2位)の兵力を、世界各地に展開。いつでもどこにでも部隊を派遣できる仕組みになっている。

装備でも他国を圧倒する。陸軍の主力はM1戦車。湾岸戦争、イラク戦争での活躍により、「世界最強」との評価を得ている戦車で、アメリカ陸軍はこれを5000両以上保有している。また数キロ離れた地点の標的を確実に破壊する攻撃ヘリコプター、AH-64アパッチも700機もっている。

海軍は量産型原子力空母のニミッツ級航空母艦(排水量7万3000トン、全長333メートル、艦載機90機)10隻をはじめ、ワスプ級8隻、タワラ級2隻を保有。これらの空母を中心に大量のイージス艦、給油艦、輸送艦などを運用している。また潜水艦にかんしても、攻撃型の原子力潜水艦を60機保有している。

空軍の主力はF-15戦闘機だ。この能力的にもっとも均衡のとれたトップクラスの実力をもつ戦闘機を、900機以上保有。F-15以上の性能をもち、アメリカ以外に保有国がない次世代戦闘機F-22も百数十機、ステルス性(レーダーに捕捉されにくい)のB-2爆撃機などもある。

そして忘れてはならないのが核兵器の存在だ。オバマの大統領の就任以来、アメリカはロシアと軍縮条約を結ぶなど軍縮傾向を見せている。核兵器も削減対象にふくまれるが、条約にもとづいた削減が実現したとしても核弾頭は1500発も残る。

北朝鮮やイランの事例を見ればわかるように、圧倒的な軍事力をもってしても従わせることのできない国もある。しかしアメリカが軍事面において支配的な力をもっていることは紛《まぎ》れもない事実であり、世界の軍事情勢はこのアメリカ中心の体制がしばらくつづくものと見られている。

高い経済成長を背景に、急速に近代化を進める中国

世界一の軍事力を誇るアメリカに迫る勢いで、軍備増強をはかっているのが中国である。

周知のとおり、近年の中国の経済発展は凄まじい。デフレ不況のつづく日本を尻目に毎年2ケタ前後の成長をくり返し、いまやGDP世界2位の経済大国へと成長した。この経済成長を背景に、軍事力の大幅増強が行なわれている。

中国の軍拡ぶりは、軍事費を見るとよくわかる。2009年の軍事費は990億ドルでアメリカにつぐ世界2位。2010年も前年度実績比12・7%増とされており、過去22年間で伸び率が1ケタ台にとどまったのは2009年しかない。

るとの噂もある。

しかも、この金額は表向きのもので、じっさいには公表額の1・5倍に達してい

兵力は現役228万5000人、予備役51万人、準軍事組織の人民武装警察66万人で、世界最大の規模を誇る。アメリカ軍が現役158万人、予備役86万4000人だから、兵力ではアメリカをも圧倒している。

そんな中国軍（人民解放軍）の〝顔〟が陸軍だ。陸軍は160万人を擁《よう》し、地域別に7つの大軍区に分かれている。保有戦車は9000両で、旧ソ連軍のT−54戦車を模《も》した59式戦車が主力を担う。

従来、中国政府はこの陸軍を中心として考えていたが、近年は海軍、空軍の整備に注力しはじめた。最近の中国の軍事予算は陸海空3軍への分配がほぼ同額。バランスのとれた軍隊へと編成を変えつつあることがうかがえる。

海軍は約24万5000人。原子力潜水艦10隻、艦艇80隻、通常潜水艦60隻を有し、東シナ海や南シナ海、インド洋へと展開する。また国産空母の建造を急いでおり、2020年までに6隻を保有する計画を立てている。2011年8月には、中国軍が改修した旧ソ連軍の空母ワリャークが就役した。

空軍の兵力は約30万人。近代的戦闘機J−10、J−11の配備を2006年から開始

59式戦車／最高速度45キロ。100ミリ砲装備。ソ連の指導のもと1957年に生産が開始され、いまなお主力をつとめる

J-10戦闘機／最高速度マッハ2・2。諸性能は非公開だが、現在170機程度が配備されており、いまなお生産がすすんでいる

し、第5世代戦闘機といわれる完全ステルス機J-20（殲20）の試験飛行を行なっている。さらに空母搭載用のJ-15も製造中である。これらが実戦配備されれば、アジアの制空権は中国が握るだろうとも予想されている。

また、中国軍には核兵器を運用するために設けられた専門部隊が存在する。人民解放陸軍第二砲兵隊だ。「第二砲兵」という名称は、かつて核兵器を秘匿《ひとく》していた時代の名残とされている。その兵力は約14万５０００人で、核兵器搭載の大陸間弾道ミサイル（ＩＣＢＭ）を20基以上、中距離弾道ミサイル（ＩＲＢＭ、ＭＲＢＭ）を１３０基から１５０基、短距離弾道ミサイル（ＳＲＢＭ）を７００基以上保有していると見られている。

このように中国は経済だけでなく、軍事でも他国を圧倒する力を備え、近い将来、アメリカに比肩《ひけん》する軍事大国になる可能性が高い。

しかし、中国軍には弱点もある。ひとつは装備の問題だ。中国軍の兵器の近代化には莫大な軍事費が計上されているものの、その大部分は兵士への報酬と退役軍人への年金に費やされており、最新鋭兵器の開発や配備に十分な予算をかけられないという事情がある。

たとえば、陸軍兵力は日本の陸上自衛隊の約10倍にもなるが、戦車兵力だけを比較すれば2倍程度と、その格差は極端に縮小する。空軍の戦闘機にしても圧倒的多数を占めているのは、1950年代から60年代にかけて実用化された時代遅れの旧式機である。

もうひとつの弱点は、兵士の士気だ。近年徴兵《ちょうへい》されるのは、一人っ子政策の影響で甘やかされて育った若者が多く、苛酷《かこく》な訓練をしようものならば、彼らは「虐待《ぎゃくたい》」と非難する。また、団体行動に反感をもつ者も増えており、統制のとれた軍とは言い難いという側面がある。

こうした弱点を克服することが今後の中国軍の課題である。

覇権国家アメリカと、台頭する中国が軍事衝突する可能性は?

アメリカでは、2008年の世界金融恐慌以降、経済の停滞がつづいている。いっぽう、中国は前述のとおり、2010年にGDP規模で日本を抜いて世界2位となった。

低迷する超大国・アメリカと、躍進をつづける新大国・中国……これはあくまで経済分野での話だが、やがてアメリカと中国が世界の2大超大国となれば(これを

「G2論」という）、軍事面でも対立するのではないかとの指摘がある。

事実、アメリカは中国の軍備増強を大きな脅威として捉えている。その証左といえるのが2010年7月の米韓合同軍事演習だ。

事の起こりは、2010年3月に起きた哨戒艇《しょうかいてい》沈没事件だった。この事件では、韓国の哨戒艇「天安」が、黄海の軍事境界線といわれる北方限界線（NLL）付近を航行中に謎の沈没を遂げた。

これを北朝鮮からの攻撃によるものではないかと疑った韓国は、同盟国のアメリカと合同軍事演習を行なった。このときアメリカは、公式には北朝鮮への抑止を目的として軍事活動をとった。だがじつは、最近黄海付近で存在感を増している中国軍を牽制《けんせい》する目的もあったといわれている。

それだけではない。中国はベトナム、インドネシア、マレーシア、フィリピン、台湾、ブルネイなどと南シナ海の領有権をめぐって係争状態にあるが、アメリカもこれに関与しつづける姿勢を示している。

では今後、アメリカと中国は世界の覇権をめぐって軍事衝突することがあるのだろうか。専門家のあいだでは、米中関係が緊張の度を増していったとしても、戦火を交える可能性は低いという声が多い。

じっさい、2011年5月にアメリカを訪れた中国軍の陳炳徳《ちんへいとく》総参謀長はワシントンのアメリカ国防大学での講演で「中国は、アメリカに挑戦する考えはない」と述べた。さらに「わが軍の武器や装備は、アメリカに比べて20年以上も遅れている」とも話し、一歩引いた態度を貫いている。中国はアメリカに対抗し得る軍事力を着着と蓄えているが、まだまだアメリカ軍を上回るまでには至っていない。

アメリカと中国の軍事的駆け引きはしばらくつづくだろう。しかし、それが直接軍事行動につながる可能性は低いと見るのが大方の見解である。

中国の軍拡の実態とその目的を探る

中国はなぜ海軍力の強化に躍起になっているのか？

中国の軍備拡張は陸海空各分野において、急速かつ着実にすすんでいる。そのなかでとくに顕著《けんちょ》なのが海軍力の増強である。

現在、中国海軍は空母建設を行なっており、2020年までに6隻の空母を保有する計画である。さらにリゾート地として知られる海南島《かいなん》に空母基地を建設し、そ

中国の目論む制海権の範囲

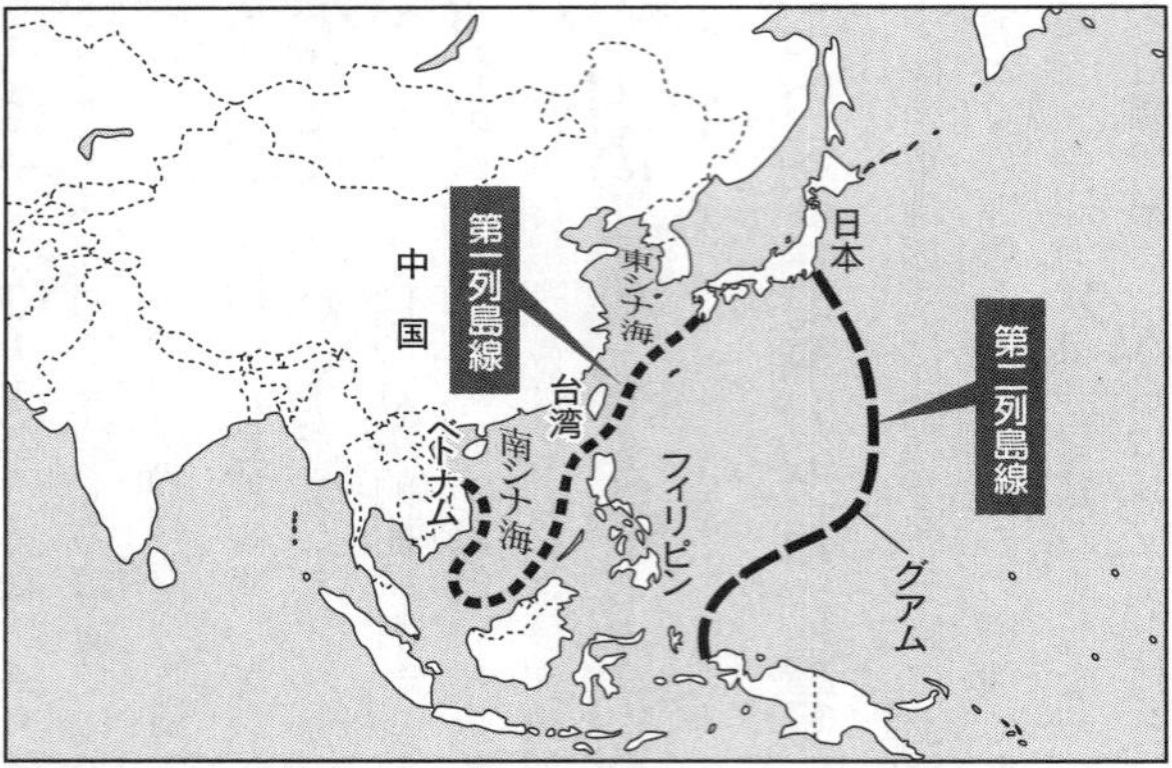

こを2014年に完成予定の初の国産空母の母港にしようとしている。

これまで中国軍の主力を担ってきたのは陸軍だが、海軍の増強に力点が置かれるようになったのはなぜなのだろうか。中国が海軍増強に躍起になっている理由、それは太平洋の制海権を確保するためだといわれている。

そもそも中国の海洋進出は、太平洋とインド洋に分けてすすめられている。インド洋では主に資源輸送に用いるシーレーン（海上交通路）を確保するため、イランから上海へ至るまでの沿岸各地に軍事拠点を築いた。

いっぽう、太平洋上の公海はアメリカの管理下にあり、制海権を得るには、アメリカとの勢力争いに勝たなければならない。そのため、中国は近年、海軍の整備・強化に躍起になっている。

じつは中国は、1982年に具体的な海洋進出計画を発表している。それによれば、沖縄、台湾、フィリピンを南北に結ぶラインを「第一列島線」とし、小笠原諸島、グアム、インドネシアを南北に結ぶラインを「第二列島線」としている。そして2010年までに第一列島線の内側の制海権を確立、ついで2020年までには第二列島線まで進出し、その海域を支配する計画である。

海をわが物顔で管理することが許されるのか、と疑問に思う人も多いだろうが、もともと海上ではきっちり各国の領海に線引きされているわけではない。中国が制海権のラインとして想定している部分は公海である。つまり、どこの国の領海でもないため、そこに進出していったとしても違法にはならないのだ。

2007年には、中国軍の幹部が訪中したアメリカの太平洋軍司令官に対し、「ハワイを境に東側をアメリカが、西側を中国が管轄するのはどうか。そうすればアメリカ軍の負担も減るに違いない」と半ば冗談まじりに語ったという。オブラートに包んだ台詞とはいえ、これこそ中国の本音と考える専門家も少なくない。

アメリカも中国海軍の動きには極力気をつけており、中国の潜水艦が基地から出てくると、それを尾行して監視している。いっぽう、中国海軍もアメリカの空母の尾行をしている。中国が空母を完成させれば、海上の勢力図は大きく変わるといわれているため、中国とのあいだに尖閣《せんかく》諸島の領有権問題を抱える日本も、中国の海洋進出を注意深く見守っている。

軍備を拡充して台湾の独立を牽制する中国

前項では中国の軍備増強の目的は海洋進出にあると述べたが、じつは軍拡の理由はもうひとつ存在する。それは台湾の独立を阻止することだ。

中国は、台湾について「中国の不可分の領土の一部分で、大陸と台湾はともにひとつの中国に属する」と考えている。

また「台湾独立の動きに対しては、武力行使の権利を放棄しない」というスタンスをとっている。こうしたことが原因で、台湾とは長らく緊張した関係がつづいてきた。

ここ数年、中国と台湾は経済面を中心に結びつきが深まり、台湾の政権が独立志向の民進党政権から現状維持を望む国民党の馬英九《ばえいきゅう》政権に替わったこともあって、すこしずつ融和《ゆうわ》がすすんでいる。

しかしながら、台湾独立をめざす動きがなくなったわけではない。しかも、アメリカが台湾への武器供与をつづけている。こうしたことから、中国と台湾のあいだで戦争が勃発《ぼっぱつ》する可能性も少なからず残されている。そのときに備えて中国は軍備拡張をすすめているといわれているのだ。

ここで気になるのがアメリカの動きである。

１９９０年代、アメリカは総額60億ドルのF－16戦闘機１５０機を台湾に売却することを表明した。それがきっかけで１９９５年と96年に台湾海峡を挟んで中台がにらみ合う台湾危機が勃発。２０００年代に入ってからも、アメリカは台湾との兵器売買をつづけ、２０１０年１月にはアメリカ国防省がパトリオット３など総額64億ドルにのぼる最新兵器を売却すると発表し、中国を激怒させた。

じつはアメリカは台湾とは国交を断絶しており、中国とは国交を結んでいる。中国は世界最大のアメリカ国債保有国で、中国に対するアメリカの経済面での依存度はひじょうに高い。アメリカにとっていまや中国は必要不可欠な存在だ。そうした関係にあるのに、なぜアメリカは台湾に武器を供与しつづけるのだろうか。

アメリカが中国に武器を供与する狙いは、台湾の軍事力を強化することではない。

中国と台湾の軍事力のバランスの均衡をとることが、アメリカの真の狙いとされている。

つまり、こういうことだ。このまま中国が軍備拡張をつづけて中台の軍事力の格差が大きくなれば、中国にとって「台湾侵攻」は、現実的な選択肢となってくる。そこでじっさいに戦争になったときに、台湾が中国に惨敗《ざんぱい》してしまうのを防ごうという狙いがあるのだ。ただしアメリカは、中国による台湾統一も台湾独立も望んでいない。あくまで現状が維持されることを望んでいるといわれている。

中国としては、こうしたアメリカの目論《もくろ》みを実現させまいと軍拡に注力している。将来、中国の軍事力がアメリカを上回ったとき、台湾海峡で何が起きるのか。その動向に世界中が注目している。

中国による台湾侵攻のシナリオとは?

中台戦争が勃発するケースはふたつあると考えられている。ひとつは中国の軍事力が圧倒的に台湾に勝り、中国が確実に台湾を制圧できると確信したとき。もうひとつは台湾が独立を宣言するか、独立の意思を表明したときである。

台湾防衛の要となる金門島

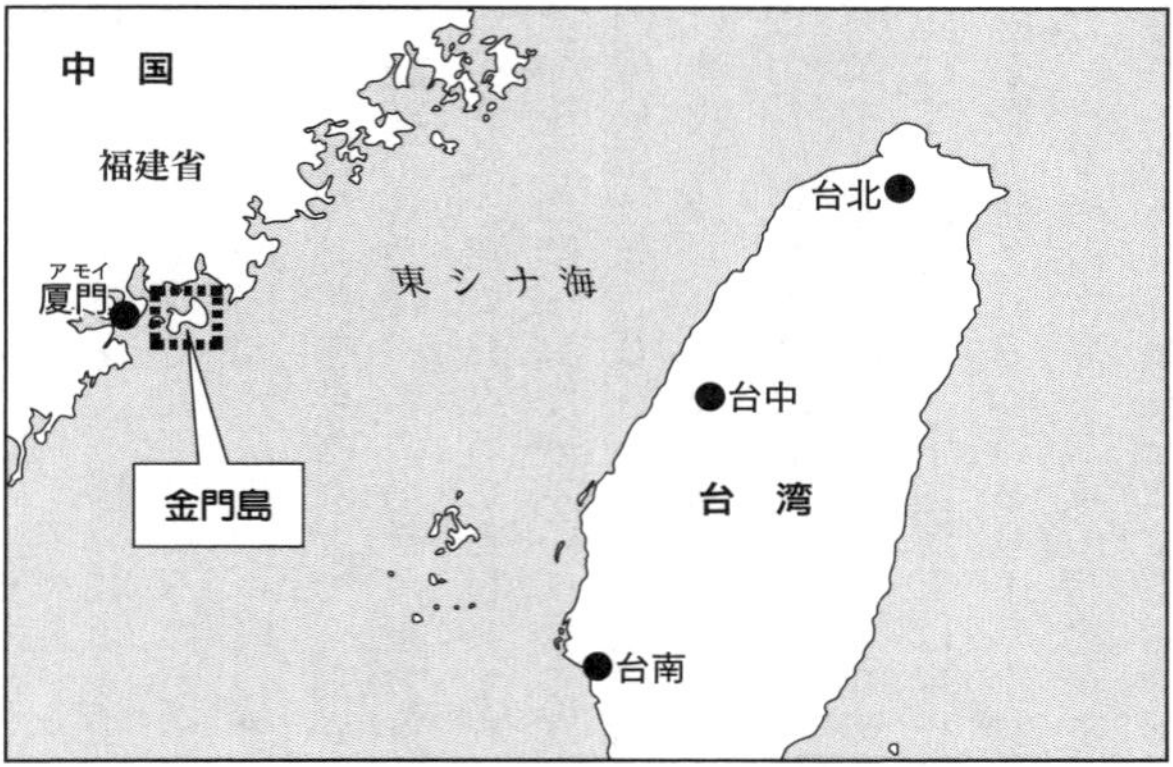

台湾にはアメリカの支援が入っているので、現時点ではまだ中国軍に台湾を圧倒できる軍事力はない。したがって台湾独立に反発して中国軍が侵攻する可能性のほうが高いだろう。

では、もし中国軍による台湾侵攻がなされるとすれば、いったいどのような経緯をたどるのか。

中国はアメリカ軍の軍事介入を恐れている。したがって、アメリカ軍の介入前にすべてを終わらせる電撃作戦に出ると予想される。つまり、可能なかぎり迅速に台湾へ上陸し、全土を占領してしまうのだ。

そこでポイントになるのが制空権だ。中国軍は艦船で兵員を台湾に送りこもうとする。しかし、台湾空軍に上空からの攻撃を受ければ上陸は阻まれる。したがって中国軍は、まず台湾空軍の基地を破壊し、戦闘機を一掃したうえで、陸軍による上陸作戦を開始すると考えられる。

このとき、最初に戦場になるのが金門《きんもん》島である。この島は台湾本島から南西に約190キロ、中国大陸から10キロの海域に浮かんでおり、これまでにも2回戦場となった。海岸地帯の要害などで全島が要塞《ようさい》化され、難攻不落といわれる島だが、台湾に侵攻する場合、この島を占領することが必要となる。こうしたことから、金門島の争奪戦が激戦になることは必至だ。

その後、台湾本島での攻防に移るが、ここでは空母の存在が重要になる。台湾本島の中央には4000メートル級の山脈が島を縦断する形で走っている。

台湾政府は有事となれば、太平洋側に重要機関を移し、市民を疎開《そかい》させるはずだ。そこで持久戦になると台湾に有利、中国にはきわめて不利になる。この地形的な不利を解消するためにも空母が必要なのだ。

先に述べたとおり、中国海軍は現在急ピッチで空母を建造しているが、空母機動艦隊が戦力化されるのは2015～20年ごろといわれている。これが運用できない場合、日本の宮古島《みやこじま》や八重山《やえやま》諸島が中国軍の前線基地として利用される可能性も指摘されている。石垣島を航空部隊の前進基地、宮古島を後衛とすれば台湾攻略が容易になるからだ。そう考えると、日本も中台情勢を対岸の火事と見過ごすわけにはいかなくなる。

アメリカが警戒する戦争とその準備

アメリカが大苦戦しているアフガン戦争の現状

くり返しになるが、アメリカは名実ともに世界一の軍事力を有している。しかし、その軍事力をもってしても、大苦戦を強いられている戦いがある。それはアフガニスタン戦争だ。

2001年9月11日、アメリカの経済力の象徴である世界貿易センターと軍事力の象徴である国防総省にハイジャックされた旅客機が突っこむという同時多発テロが起きた。

これを「戦争」と見なしたアメリカは、テロの首謀者と目される国際テロ組織アルカイダの指導者オサマ・ビンラディンを指名手配。同年10月には、アフガニスタンのタリバン政権が彼を匿《かくま》っているとして、アフガニスタン侵攻に踏み切ったのである。

アフガニスタンにはアメリカ軍だけではなく、イギリス、フランス、ドイツ、イタリア、スペイン、トルコ、カナダ、オーストラリアなどの軍隊も駐留し、タリバン勢力の掃討《そうとう》を試みた。

その結果、タリバン政権は約2か月で崩壊に追いこまれた。しかし、タリバンの指導部の多くは生き残り、その後、アフガニスタン南部やパキスタンの一部で勢力を回復することに成功。

開戦以来、約10年が経過したが、いまだに解決の兆しが見えない。

ブッシュ前大統領からこの戦争を受け継いだオバマ大統領は、駐留米軍の増派をくり返しており、現在の兵力は10万人（前政権の約3倍）に膨らんでいる。戦費は総額３３６０億ドルにも達した。

世界最強を自他ともに認めるアメリカ軍が総力を尽くし、同盟国の軍隊の支援を得ても、ゲリラ戦を展開するタリバン勢力を殲滅《せんめつ》できない。２０１０年10月時点でのアメリカ軍兵士の総死者数は約１２６０人。アメリカ国内ではアフガニスタン戦争不支持率が50％を超えているものの、アメリカ政府はもはや兵を引くに引けない状況にある。まさに、泥沼状態に陥ってしまったのだ。

オバマは2009年末、「2011年7月にはタリバン勢力を一掃して、アメリカ軍の撤退を開始させる」と宣言し、その後、「2012年夏までにアメリカ軍3万3000人を撤退させる」と修正。アフガニスタンの治安維持部隊にあとを任せる方針だ。

これまでアメリカ軍がもっとも苦戦したといわれるベトナム戦争（戦闘期間8年7か月）を超え、アメリカ史上最長の戦争となったアフガニスタン戦争。ここにきて、アフガニスタンの全土掌握は軍事的に限界があるとの指摘も出されており、今後はタリバンとの和平交渉が解決へのカギをとなる。

アメリカが描くイラク撤退後の軍事的シナリオとは?

アメリカ軍はアフガニスタン同様、イラクでも泥沼状態に陥っている。

2003年3月、アメリカのブッシュ政権は、イラクに大量破壊兵器隠匿《いんとく》の容疑で有志連合国とともに大規模攻撃を実施した。

アメリカ軍とイギリス軍を中心にした連合国は兵力、装備ともイラク軍を圧倒し、ブッシュ大統領はフセイン政権打倒という父の代からの悲願を成し遂げた。しかしこれ以後、アメリカ軍は泥沼にどっぷりと浸《つか》かることになったのである。

イラク戦争直後、アメリカは新生イラク政府に主権を委譲《いじょう》し、イラク国内の治安回復はイラク人自身によるイラク治安部隊に任せようとした。ところが、イスラム教シーア派、スンニ派、クルド人による三つどもえの抗争がはじまり、反米テロが激化したことなどから、イラクは内戦状態に陥った。

そうしたなか、アメリカ軍はファルージャでの武装勢力掃討作戦でイラクの民間人を死亡させたり、イラク人捕虜に対して虐待を行なったり、モスクを攻撃したりした。そのため、イラク人の反米感情がますます高まり、反米武装勢力を一気に拡大させてしまったのである。

イラク戦争の大義とされていた大量破壊兵器も発見されなかったことから、アメリカ以外の国の駐留軍は次々と撤退。当時のアメリカ軍はラムズフェルド国防長官の意向で〝少数精鋭〟の編成になっていたこともあり、イラク全土の治安維持は困難で、内戦はますます激化。多数のイラク人とアメリカ軍兵士が死亡した。

それでもアメリカは2004年にはイラクの暫定《ざんてい》政権に主権を委譲、2006年にはシーア派、スンニ派、クルド人による連合政権が樹立された。2007年には17万2000人にまで膨れ上がったアメリカ軍はしだいに撤退していき、オバマ大統領は２００９年2月にイラクからのアメリカ軍の撤退を発表した。

じつは、このアメリカ軍の撤退の背景にはアフガニスタン戦争がある。アフガニスタンでの戦局が悪化の一途をたどっていたため、イラクのアメリカ軍を移動させ、アフガニスタンへ兵力を集中させようとしたのである。

２０１０年8月末、アメリカ軍はイラクでの戦闘を終えた。２０１０年までに４４００人のアメリカ軍兵士が死亡したとされている。

そして２０１１年12月末には全面撤退を予定している。しかしながら撤退が完了すれば、ふたたび治安が悪化し、復興の道が閉ざされてしまうことも予想される。

アメリカは撤退後も軍事的な関与をさまざまなかたちで継続して、イラクへの影響力を維持しようとしているといわれるが、見通しは不透明な部分が多く、イラクの再度の混乱が懸念されている。

北朝鮮がもし韓国へ攻めこんだらどうなる?

ここ最近、朝鮮半島情勢が過熱している。２０１０年3月、韓国海軍の哨戒艇が爆発・沈没した事件は、北朝鮮の攻撃によるものと疑われている。また、同年11月には、北朝鮮軍が韓国の延坪島《ヨンピョン》を砲撃して世界を震撼《しんかん》させた。

多くの専門家は、これら北朝鮮の軍事行動はいつものお家芸の挑発行為で、食糧支援や経済支援を引き出すための交渉上の駆け引きだと見なしている。だが一部の識者からは、北朝鮮は韓国への侵攻を本気で目論んでいるのではないかと危惧《きぐ》する声が上がっている。

たしかに北朝鮮の金正日《キムジョンイル》総書記は近年、強硬路線を推しすすめ、韓国と全面対決の宣言をするなど怪しげな動きを見せている。

では、北朝鮮軍が韓国に侵攻したとすれば、どのような戦争になるのか。

3章で詳しく述べるが、北朝鮮軍の兵力は現役110万人、予備役770万人で世界有数の規模を誇る。陸軍の7割はすでに軍事境界線の南に配備されており、有事のさいにはすぐに韓国に侵攻できる態勢にあるといわれている。

対する韓国軍の兵力は現役65万5000人、予備役304万人と、こちらも規模は大きい。数の上では北朝鮮軍に負けるが、支援のアメリカ軍が到着し反撃開始するまでの約30日間を、北朝鮮軍の攻撃に耐えられれば、韓国軍に勝機が見えてくる。

装備は旧式で燃料、部品も不足しがちな北朝鮮軍は長期戦となると、がぜん不利になる。18万人の特殊部隊に期待がかかるが、輸送手段が整備されていないため、戦局を打開できる見込みは低い。

ここまでは戦争のシミュレーションでしかないが、2010年8月には韓国とアメリカによる本格的な仮想戦争（ウォーゲーム）の連合防御訓練が行なわれている。それによれば、北朝鮮軍が侵攻した場合、大規模に投入された特殊部隊の首都圏無差別攻撃によって、韓国側には開戦初日に10万人の死傷者が出る。北朝鮮軍は長射程砲や化学兵器で攻撃してくるため、大量の犠牲者が出てしまうのだ。

日本政府も有事のさい、北朝鮮が日本を攻撃すると仮定したシナリオを用意している。北朝鮮が直接日本を攻撃するケースは考えにくい。しかし、朝鮮半島有事でアメリカと北朝鮮が衝突した場合、北朝鮮はアメリカの同盟国である日本を弾道ミサイルや生物・化学兵器などで攻撃してくる可能性があると予測しているのだ。

中央アジアの小国で勃発した米ロの軍事対立とは

東西冷戦時代、アメリカとソ連は敵対関係にあった。ソ連崩壊の混乱のなかで誕生したロシアは地位を低下させ、アメリカが経済的にも軍事的にも唯一の超大国となったが、互いのライバル意識はいまなお根強く残っている。

米ロの戦略に揺れるキルギス

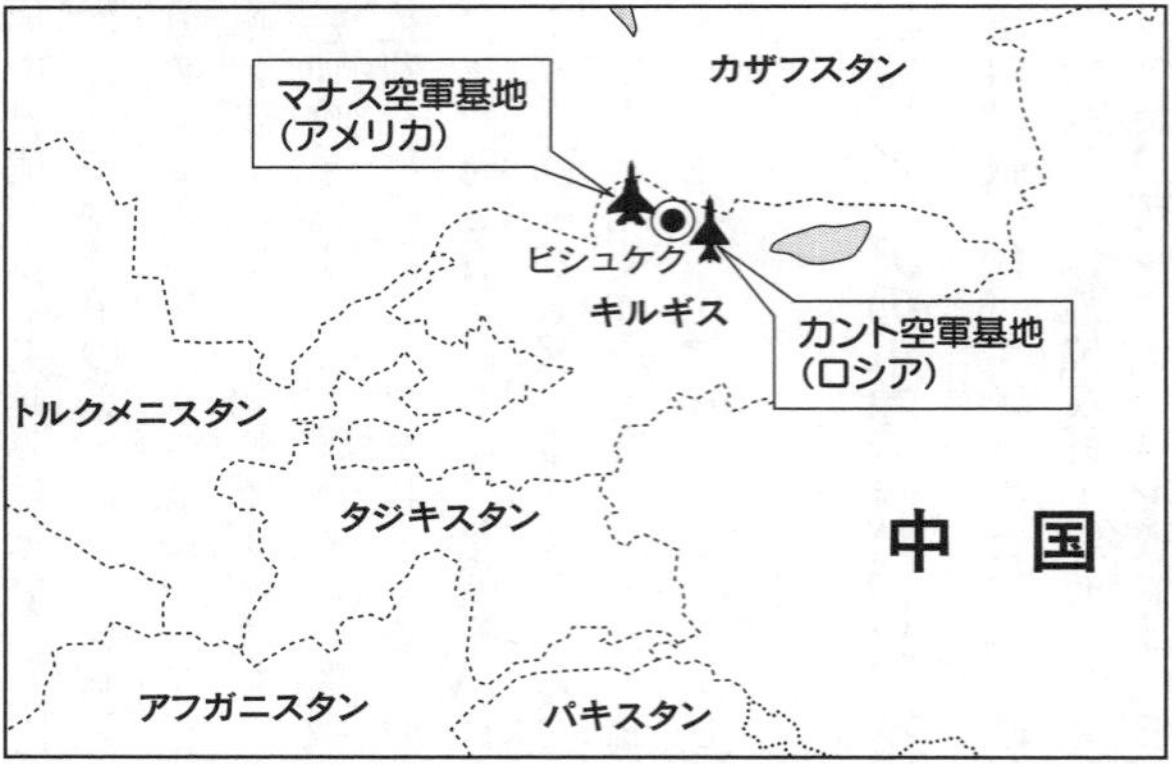

そうした経緯もあって、アメリカとロシアは基本的に同一国に軍事基地を置かないようにしている。たとえば、アメリカ軍の基地がある日本や韓国にロシア軍の基地はない。ところが世界で唯一、米ロの基地が共存している国がある。中央アジアの小国、キルギスだ。

アメリカがキルギスに基地を建設したきっかけは、２００１年の同時多発テロだった。テロの首謀者と目されるアルカイダの指導者オサマ・ビンラディンは、アフガニスタンのタリバン政権に匿《かくま》われていたため、アメリカはアフガニスタン攻撃を決定した。しかし、アフガニスタン周辺にはアメリカ軍の基地がなかった。

基地がなければ物資の輸送などが円滑《えんかつ》に

できず、軍事戦略は困難をきわめる。そこで、アメリカ軍に基地の提供を申し出たのがキルギスだったのである。アメリカは首都ビシュケク近郊にマナス空軍基地をつくり、キルギスには基地使用料として年間200万ドル（約1億8000万円）を支払った。

こうした状況を、ロシアは苦虫を噛み潰す思いで見守っていた。そもそもキルギスはかつてのソ連構成国。そのキルギスに、宿敵ともいえるアメリカ軍の基地ができたのだから、危機感をつのらせるのは当然である。

業《ごう》を煮やしたロシアは、キルギスに対して基地を建設させるよう要請する。そして基地使用料として年間5000万ドルを支払う条件で、カント空軍基地を完成させた。このロシア軍基地は、アメリカ軍のマナス空軍基地から約30キロしか離れておらず、世界一接近した米ロ基地といわれている。

こうしてキルギスは、アメリカとロシアの軍事基地が隣接するという前代未聞の状況になったわけだが、今度はアメリカが基地閉鎖の危機に追いこまれる。2005年、キルギスはアメリカ軍に対して基地の撤去を要求してきたのだ。

アメリカは長引くアフガニスタン戦争を一刻も早く収束《しゅうそく》させようと継続を懇願《こんがん》し、基地使用料を200万ドルから20億ドルへ増額することを提案。その案がキルギスに受け入れられ、継続協定を結んだ。しかし、キルギスはロシアとの関係強化を望み、２００９年に基地供与の中止を決定したのである。

とはいえ、その後、キルギス国内では前大統領の国外追放や、キルギス系住民とウズベク系住民による騒乱など混乱がつづき、現在も両国の基地は残されている。

キルギスにおけるアメリカ軍とロシア軍のにらみ合いは、当分はつづいていきそうだ。

基地の展開から読む、アメリカの対アフリカ軍事戦略

アメリカは世界中に自国の軍隊を展開している。そうしたアメリカ軍の戦略の根幹には、各地域の軍事バランスだけでなく、エネルギー資源を安定的に確保しようとする意図がある。近年は、西アフリカでその傾向が顕著だ。

２００１年の同時多発テロ以前、アメリカの主な石油輸入国は中東諸国だった。しかし同時多発テロ以降、サウジアラビアとの関係が悪化したこともあり、アメリカの中東からの石油輸入量はかなり減った。１９９０年代初頭には25％もあった中東からの石油輸入は、現在では約15％にまで落ちこんでいる。

アフリカの米軍基地の狙い

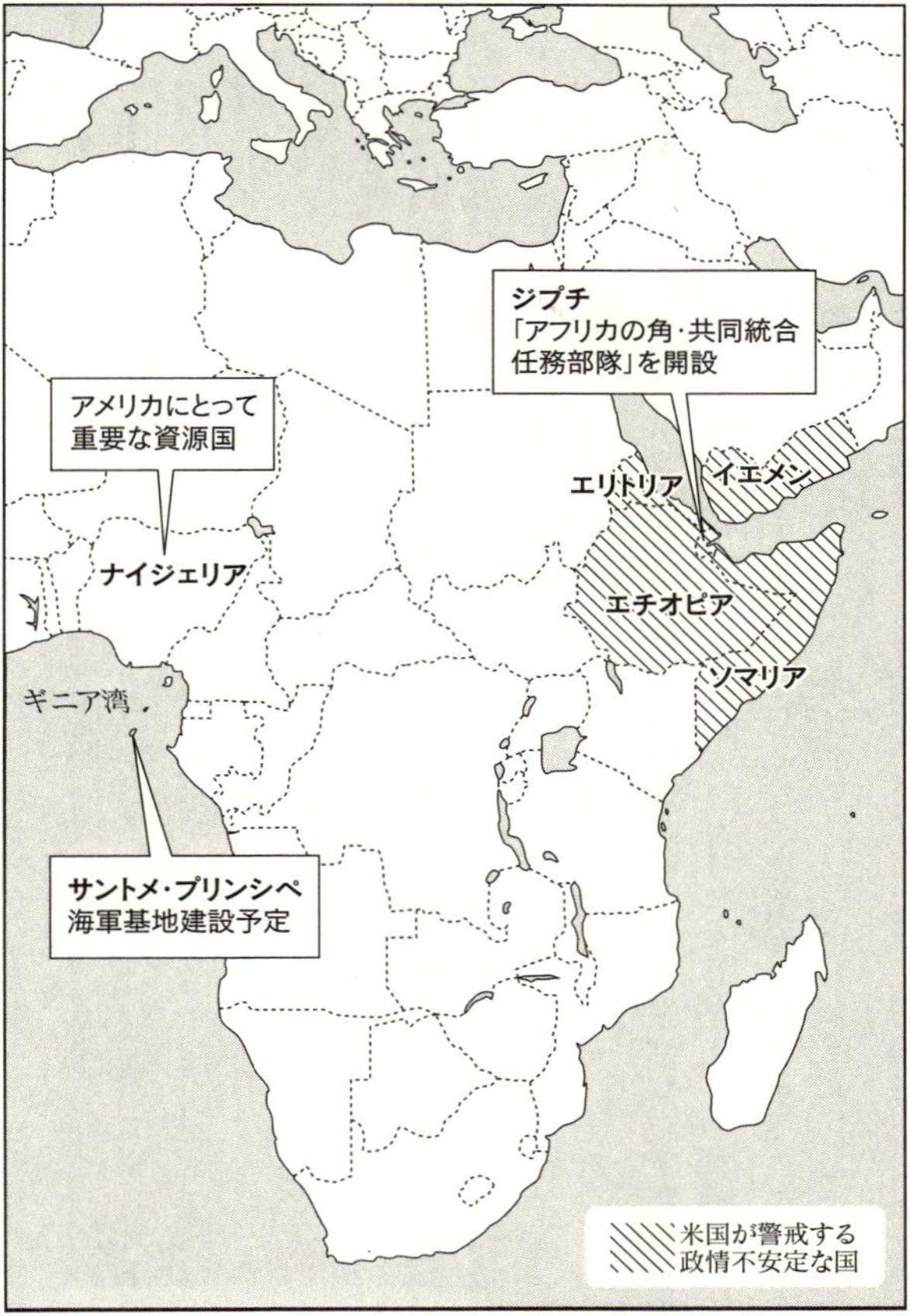

中東からの輸入が減ったぶん、大幅に増加したのがアフリカからの輸入で、アフリカはアメリカでの石油消費量の14％をまかなうまでになっている。

そこで問題になるのが、輸送ルートの安全確保だ。たとえば現在、アメリカ軍はギニア湾近くのサントメ・プリンシペ島に海軍基地を建設する予定だが、これは、ギニア湾がアメリカの資源戦略にとって重要な地域だからだ。

ギニア湾は大西洋を挟んでアメリカから程近く、沿岸国のナイジェリアは、アメリカの全石油輸入量の約8・5％を占める石油大国である。しかも、ギニア湾には未開発の石油や天然ガスがまだ埋蔵《まいぞう》されていると見られている。

この豊富な資源埋蔵地域から、安定的にアメリカへの輸送を行なうには、輸送ルートの安全を確保しなければならない。そのため、アメリカ軍は2000年代からアフリカ大陸に新たな軍の配備を展開している。

また、アメリカ軍は2002年に、東アフリカのジブチにある旧フランス軍基地に1000人ほどの隊員を置く「アフリカの角（ソマリア半島のこと）・共同統合任務部隊」を開設した。これにより、地中海と紅海を結ぶ資源海路の要衝、スエズ運河の管理強化をはじめ、エリトリア、エチオピア、ソマリア、イエメンといった政情不安定な国の警戒も可能になる。

このように、近年、アメリカ軍は資源の輸送ルートに重点的に基地を配備する傾向にある。アメリカ軍の世界展開は、かならずしも仮想敵国を中心に考えられているだけではないのだ。

知られざる米中の最新軍事動向

アメリカの特殊部隊にはどんな組織があるか?

2011年5月1日――この日はアメリカにとって記念すべき日となった。アメリカ軍が10年の長きにわたって追いつづけてきたアルカイダの指導者オサマ・ビンラディンの殺害に成功したからだ。

アメリカ政府関係者の報告によれば、アメリカ海軍の特殊部隊シールズ(SEALs)がパキスタン・アボタバードの邸宅に隠れていたビンラディンを発見し、ヘリコプターで急襲。わずか40分程度で邸宅内のビンラディンを殺害した。シールズの活躍ぶりはアメリカ国内で大きく報道され、世界の注目があつまった。

では、この特殊部隊シールズとはどのような部隊なのか。

シールズの名は「海（sea）」「空（air）」「陸（land）」の頭文字に由来する。第二次世界大戦時、連合軍の上陸作戦を助けて活躍した水中破壊工作部隊がルーツで、現在は奇襲攻撃や偵察、秘密情報収集を専門に行なっている。

隊員の編成は海軍と沿岸警備隊のなかで知力、体力に優れた17～28歳の若者が海と陸上で過酷な訓練を経て選ばれる。水泳と潜水能力を鍛え抜かれ、水中での工作活動を得意とする。装備も最先端のハイテク機器を備え、シールズ輸送潜水艇は原子力潜水艦に搭載され、世界中のどこの海にも秘密裏に潜入することが可能だ。

今回、ビンラディン襲撃に成功したのは、シールズから選抜された対テロ作戦専門の部隊「チーム6」の精鋭たち。彼らは〝沈黙のプロ集団〟と呼ばれ、作戦の秘密を守り抜く。今回の襲撃でも、秘密保持のために邸宅突入直前までターゲットが誰かは知らされなかったという。

アメリカ軍には、このような特殊部隊がいくつか存在するが、シールズと並び称される精鋭の部隊がデルタフォースだ。

デルタフォースはシールズ同様、秘密作戦を統括する「統合特殊作戦コマンド」の指揮下にあるが、陸軍に所属し、正式には「第1特殊作戦部隊デルタ分遣隊」という。1970年代に対テロ部隊として創設され、隊員はあらゆるテロを想定した過酷な訓練を課されて鍛えられる。近年はイラクやアフガニスタンで人質救出やテロリスト拘束に活躍しており、イラク戦争ではフセイン大統領を拘束した。

歴史の表舞台に出てくることは少ないが、シールズやデルタフォースなどの特殊部隊が歴史の流れを変えたというケースはたくさんあるといわれている。

中国人民解放軍のエリート集団「特殊兵大隊」とは?

中国軍のなかのエリート部隊といえば、特殊兵大隊である。1988年に広州《こうしゅう》軍区で創設されたが、2002年に外国武官団に模範戦技を披露するまでは存在が知られていなかった。

その兵力は1000～2000人で、「特殊偵察」と「直接行動」を主な任務とする。

「特殊偵察」とは、敵にかんするあらゆる情報を収集することである。たとえば、敵の指揮や官制、通信、情報伝達、監視システムがどうなっているのか、どのような大量破壊兵器をもっているのか、防空陣地はどこか、あるいは飛行場、軍港、鉄道、橋梁《きょうりょう》といった交通の要衝はどこにあるのか、兵站《へいたん》の集積地はどこかといった情報を集める。

「直接行動」とは、敵の陣地への急襲や人質救出、テロへの報復、要人の捕獲などに直接かかわることである。

こうした任務はきわめて過酷なものなので、体力、格闘、射撃能力はもちろん、潜入調査や情報収集のさいに必要となる知的能力にも長《た》けていなければならない。

また任務の特異性から、装備に関してもハイテク兵器が最優先で供与される。たとえば、全地形対応の八輪バギー車やサバイバル携行食、携行型GPS、デジタル偵察装置、衛星通信セットなどだ。

配属は「瀋陽《しんよう》軍区」「北京《ペキン》軍区」「蘭州《らんしゅう》軍区」「済南《さいなん》軍区」「南京《なんきん》軍区」「広州《こうしゅう》軍区」「成都《せいと》軍区」「空降第15軍区」の大軍区ごとに分けられ、それぞれ「東北猛虎（瀋陽軍区）」「東方神剣（北京軍区）」「老虎団（蘭州軍区）」「雄鷹（済南軍区）」「中国飛龍（南京軍区）」「南国利剣（広州軍区）」「西南獵鷹（成都軍区）」「藍天利剣（空降第15軍区）」と、いかにも中国らしい雅号《がごう》がつけられている。

蘭州軍区の特殊兵大隊は、陸海空の三つの機能が集積されており、「天上では雄《お》鷹《だか》のごとく、地上では猛虎《もうこ》のごとく、水中では蛟竜《こうりゅう》のごとく」とたとえられるほど強力な部隊だ。

アメリカにシールズやデルタフォースがあるならば、中国には特殊兵大隊がある。知名度こそ劣るが、その実力はアメリカの特殊部隊にも負けていない。

世界が注目する中国の新型機「殲20」の特性とは？

先に旧式の装備が多いことが、中国軍の弱みのひとつであると述べた。２０００年代以前の中国軍の装備は、ロシア製の旧式か、その劣化コピーばかりだったといわれている。しかし、ここ10年のあいだで装備の更新がすすみ、最新鋭の国産兵器の開発も積極的に行なうようになってきた。

そうした最新鋭国産兵器のなかで、もっとも注目を集めているのが、次世代ステルス戦闘機「殲《せん》20」である。

そもそもステルス戦闘機とは、レーダーに検知されない戦闘機のこと。レーダーは目標へむかって電波をぶつけ、その電波がはね返ってくることで相手の位置や形状を探知するが、ステルス戦闘機は凹凸のないなめらかな流線型の機体になっており、むかってきた電波を散乱させたり、電波を吸収する特殊な素材で電波の反射を阻止する。そのため、レーダーに検知されにくい。

ステルス戦闘機の開発でもっともすすんでいるのはアメリカで、現在「世界最強」と評価されるF‐22戦闘機やF‐35戦闘機などは、アメリカ製のステルス機である。

中国軍の「殲20」戦闘機は2011年1月、四川《しせん》省成都で行なわれた約15分間の試験試行でお披露目された。開発・製造したのは中国軍系航空機メーカー「成都航空機工業集団」といわれている。

機体は、アメリカのF‐22戦闘機に似ており、ステルス機能のほかスーパークルーズ（超音速巡航）や短距離発着機能を搭載していると見られる。垂直尾翼が独創的で、尾翼全体を自在に動かせる「オールフライングテール」を採用しているため、瞬時に戦闘機の飛行姿勢を変えることもできる。オールフライングテールの垂直尾翼への採用は類を見ないという。

こうした特性を見ると、「殲20」戦闘機は、きわめて運動性の高いステルス戦闘機であるといえそうだ。もっとも、機体の形状自体は1980年代に流行ったもので、最新鋭技術の域に達していないと指摘する専門家もいる。

戦闘機は国家機密扱いだけに、けっきょくのところ、「殲20」戦闘機の本当の実力は不明といわざるをえない。

アメリカが掲げる「スマートパワー」による戦略とは?

アメリカは2001年の同時多発テロ以来、世界一の軍事力に強く依存した政策外交をくり広げた。大量破壊兵器の隠匿（じっさいには発見されなかった）を大義として強行突入したイラク戦争が、もっとも象徴的な事例といえる。

しかし、ここ最近は軍事力に過度に依存した政策外交とは違った、新たな面を見せている。そのキーワードとなるのが「スマートパワー」だ。

スマートパワーとは、ハードパワー（軍事力）を否定するものではなく、ハードパワーとソフトパワー（文化、理念、技術などの魅力によって他者を引きつける力）を組み合わせ、戦略を策定する力のこと。つまり、軍事力以外の文化発信や技術援助などで他国の国民を引きつけ、アメリカへの支持を取りつけようとするものである。

アメリカ国防総省が2008年にまとめた「国家防衛戦略（NDS：National Defense Strategy）」では、対テロ戦争を「長期にわたる戦争（Long War）」と位置づけ、「こうした戦争では、アメリカ軍単独の軍事行動だけでは限界がある」を認めている。そのうえで、友好国との関係強化が必要であることを改めて打ち出したのである。

さらに2009年には、クリントン国務長官から「アメリカはスマートパワーを活用していく」という明確な方針が発せられた。

ジャーナリストの櫻井よし子氏は、アメリカのスマートパワーがもっとも活用されている例は中国との外交だと『週刊ダイヤモンド』のなかで述べている。どういう意味か。

中国はGDPで世界2位の経済大国になったが、人権侵害問題や性急な軍備拡大といった多くの問題を抱えている。アメリカは、そうした中国の諸事情をいっぽう的に批判し、軍事力を背景にした威圧的な外交を行うのではなく、まずは友好な関係を築くことを第一にしながら、じょじょに相手が受け入れやすいかたちで自分たちの主張を述べようとしているというのだ。

はたして、アメリカは軍事力一辺倒の外交から転換できるのか。できたとして、「世界の警察」としての役割はどのように担っていくつもりなのか。日本としても、目が離せないところだ。

3

欧州、アジア、中東…その軍事情勢はどうなっている?

世界の軍事バランスを左右する有力国の実力

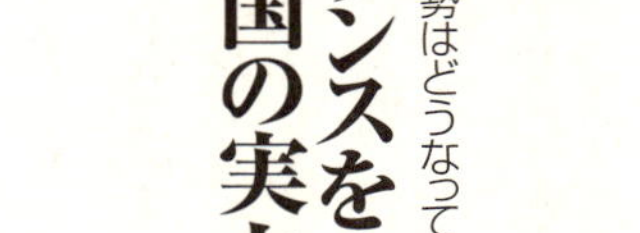

ヨーロッパの軍事情勢

世界を二分した軍事大国の座への復権をめざすロシア

東西冷戦時代、ソ連はアメリカと並ぶ軍事大国であったが、ソ連が解体すると、国内経済の疲弊《ひへい》から、ソ連軍を引き継いだロシア軍は弱体化していった。

しかし、2000年代に入ると事態は一変する。石油、天然ガスなどの資源が豊富なロシアは、資源価格高騰《こうとう》の恩恵を受けて経済復興を成し遂げ、「BRICs（ブラジル、ロシア、インド、中国の頭文字を『組み合わせた造語』）」と呼ばれる新興国の一角に数えられるまでになった。この資源マネーを背景に、プーチン大統領は「強いロシアの復権」をめざし、軍事費を2000年の60億ドルから08年の420億ドルへと7倍に増大させるなどロシア軍の立て直しをすすめた。

2008年には、軍事大国の復活を印象づけるような対独戦勝記念日の軍事パレードが行なわれ、戦車や移動型ミサイル「トーポリM」、戦闘機などが華々しく登場。ソ連崩壊以来、軍事パレードでは兵士の行進しか行なわれていなかっただけに、ロ

ミストラル級強襲揚陸艦／ロシアが導入するフランス製艦船。人員や戦車、物資などを陸揚げし、上陸作戦を指揮する

シア軍の本格的な復活を印象づけた。

現在のロシア軍は陸海空の3軍にくわえ、宇宙軍、戦略ロケット軍、空挺軍からなる。兵力は102万7000人で、中国、アメリカ、インドに次ぐ世界4位。軍改革によって人員削減がはかられているが、専門的な技術を擁《よう》する特殊部隊などは着々と強化されている。

ソ連時代、最大級の実力を有していた陸軍は約40万人の兵力がおり、レーザー方式の誘導ミサイルを装備している国産戦車T−90が自慢の兵器だ。

海軍の兵力は約16万人。水中排水量（艦の重量を示す）4万8000トンの世界最大の原子力潜水艦3隻をはじめ、原子力潜水艦37隻、通常潜水艦20隻を保有するほか、アメリカのミサイル防衛に対抗できる新型の潜水艦発射弾道ミサイル「ブラバ」を搭載した次世代原子力潜水艦8隻を2020年までに建造する計画だ。また、ミストラル級強襲揚陸艦《きょうしゅうようりく》4隻をフランスから購入することも決定している。

空軍は海軍と同等の約16万人の兵力をもち、アメリカのF-16クラスの戦闘機を3機種、それぞれ300機以上、合計1000機を保有。さらに戦闘機600機超、ヘリコプター1000機超を購入し、装備の近代化を推しすすめる計画もある。

このようにロシア軍は強大な戦力を有している。さらに2011年にはメドベージェフ大統領が国後島《くなしり》、択捉島《えとろふ》に軍事拠点を構築することを承認するなど、北方領土の軍事要塞化に乗りだした。これはアメリカ、中国を牽制《けんせい》する狙いがあるともいわれているが、北方領土返還を求める日本にとっては頭の痛い問題となっている。

伝統的に強力な海軍力を有するイギリス

アメリカの盟友であるイギリスは、世界屈指の軍事力を有している。陸軍10万人、海軍4万人、空軍4万人、合計18万人の兵力をもち、多くの場合、アメリカと軍事行動をともにする。

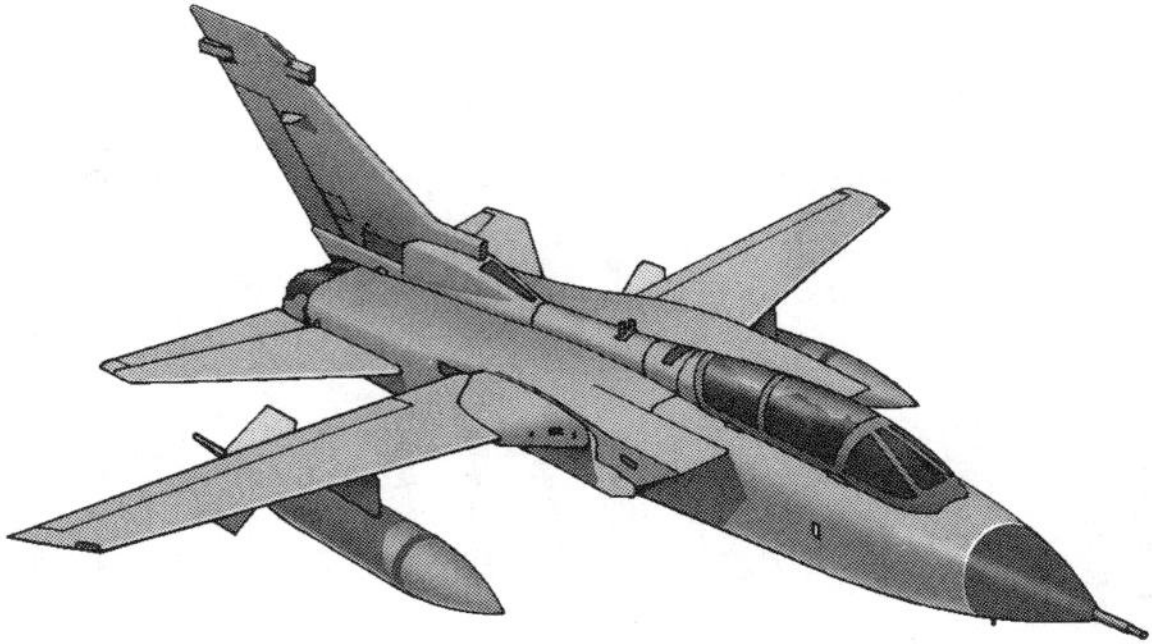

トーネード戦闘機／イギリス、ドイツ、イタリアが共同開発した。最高速度マッハ2・2。約1000機が生産されている

そんなイギリス軍の顔といえば海軍だろう。イギリスは大航海時代に「太陽の沈まぬ帝国」をつくりあげた海洋国家。その伝統を受け継ぎ、いまも海軍に力を注いでいるのだ。

イギリス海軍の象徴的存在が1万6000トン級の軽空母「イラストリアス」と「アークロイヤル」である。この軽空母が開発されるまでは各国で空母の大型化がすすんでおり、費用、運用の面で大きな問題となっていた。そこでイギリス海軍は、空母の小型化に乗りだした。

それと同時に艦上攻撃機の開発にも着手した。そもそも大型の空母が求められたのは、戦闘機の離発着に十分な滑走距離が必要だったからだ。それならヘリコプターのように垂直方向に離発着できる戦闘機を開発すれば大型化しなくてもよいということで、イギリス海軍は空軍で使われていた垂直離発着機ハリアーに改造をくわえ、滑走路を必要としないシーハリアーを開発したのである。

そして1982年にアルゼンチンとのあいだで勃発《ぼっぱつ》したフォークランド紛争では、この軽空母とシーハリアーが戦果を挙げた。その後、イギリスでシーハリアーは2006年に全機が退役したが、インドでは運用されている。

空母以外では海兵隊が注目に値する。帆船時代、敵の船に乗り移り、銃や刀剣で戦った勇ましい白兵戦専門部隊を起源とするイギリス海兵隊は、沿岸警備隊の役目も帯びている。麻薬密輸船や密航船などを見つけて、取り締まっているのだ。

海軍に押され気味の陸軍も、チャレンジャーを主力戦車として保持。空軍はトーネード、タイフーン、ハリアーなどの作戦機を有し、不測の事態に備えている。

先進兵器の開発力で定評があるドイツ

第二次世界大戦中、ドイツはヨーロッパでも抜きん出た軍事力を誇っていた。技術力に優れ、Uボートや大型戦艦「ビスマルク」などを次々に開発し、周辺諸国の脅威となっていた。

敗戦後は大戦を引き起こした反省から、「侵略戦争を準備する行為は違憲」と基本法に定め、軍備増強を控えてきた。しかし、東西冷戦の終結、東西ドイツの統合が実現すると、ドイツは軍事大国への道をすすんでいく。軍事的自制をやめ、ヨーロッパの大国にふさわしい軍隊へとシフトチェンジをはかったのだ。国連やNATOの枠内であれば、海外派兵も可能になった。

では、現在のドイツはどれほどの実力があるのか。

ドイツでは2011年7月まで徴兵制を採用しており、満18歳以上の男子には9か月の兵役義務が課せられていた。そのため、総兵力は24万5000人、予備役も約16万人と、ヨーロッパではずいぶん多い。

陸海空3軍のなかでの看板は陸軍だ。16万人の兵力もさることながら、世界最強といわれるレオパルドシリーズの戦車を約1400両も保有している。この戦車は世界中から注文が殺到するほどの高性能で、最近はレオパルド2をさらにレベルアップしたA5型やA6型も実戦用に配備されている。

海軍は2万4000人の兵力をもつ。目立った装備としては水素燃料電池を動力とし、長時間潜行できるAIP潜水艦が挙げられる。ドイツはこのAIP潜水艦の

レオパルド2戦車／最高速度72キロ。120ミリ砲装備。導入から30年以上が経過するが、世界最高クラスの実力を保つ

実用化に世界で2番目に成功し、2006年までに4隻就役《しゅうえき》させた。イタリアや韓国にも輸出している。

また護衛を主な任務とするフリゲート艦は、高度な防空戦闘能力を誇るドイツ版イージスシステム搭載のザクセン級が3隻、ステルス性能をもつブランデンブルク級4隻が主力として活躍中だ。

空軍の兵力は6万人。次世代戦闘機としてヨーロッパ共同開発のユーロファイター・タイフーンを導入しているほか、F－4やトーネードなど作戦機は約300機を保有する。

このようにドイツの兵力と装備は、ヨーロッパではナンバーワンといってよい。その背景には、先ごろまでつづいた徴兵制と高度な兵器開発能力がある。国防のための軍隊から世界の紛争に介入する軍隊へと変貌《へんぼう》を遂げたドイツ軍は、ヨーロッパの軍事において中心的な存在となっている。

バランスのよい兵力構成で高い実力を誇るフランス

フランスはイギリス、ドイツと並ぶヨーロッパの軍事大国だ。軍事費においては670億ドルで、ヨーロッパ内ではイギリスの690億ドルに次ぐ第2位、ドイツの480億ドルに大きく水をあけている。

フランスの軍事力の特徴としては、陸軍13万4000万人、海軍4万3000万人、空軍約5万7000人と、3軍の兵力バランスがよくとれていることが挙げられる。陸軍が多いのは地理的な要因がある。フランスは長年敵対関係のつづいたドイツやソ連と地続きとなっており、本国への侵攻を許した経験をもっている。そのため、3軍のなかでもとくに陸軍の充実に注力してきた。

また、軍事技術力に優れ、積極的に兵器の開発研究を行なっていることも注目に値する。たとえば、これまでに世界最強の誉れ高いアメリカのM1エイブラムス以上と評価される最新鋭戦車ルクレールや戦闘機ラファールを開発してきた。

ラファール戦闘機／最高速度マッハ2・2。フランス製エンジンを使用することにこだわって開発された。2000年から運用開始

ラファールは、1991年に初飛行を成功させた戦闘機。ヨーロッパ諸国が共同でユーロファイターという戦闘機を製造しようとしたとき、フランスは独自でつくったほうがより高い利益が見込めるし、技術漏《ろう》洩《えい》の心配もないと判断し、計画から脱退。その後、独自に開発をすすめてラファールを完成させたという経緯がある。

このように自主的行動を取るのもフランスの軍事的特徴のひとつといえる。現在はNATO軍の主力として活躍しているが、1966年から2008年まではNATOの軍事機構から脱退し、独立した国防政策をとっていた。

近年は財政状況が厳しく、原子力空母などの高価な兵器の開発が困難を極めている。また、徴兵制が廃止になるなど、しだいに変容を見せているが、ヨーロッパ屈指の軍事大国であることには変わりはない。

テロリスト制圧で実績のあるフランスの特殊部隊とは?

オサマ・ビンラディンの殺害をきっかけに、対テロの実戦訓練を積んだ特殊部隊の重要性が各国で再認識されつつある。

アメリカの特殊部隊といえば、71ページで解説したシールズやデルタフォースが有名だが、フランスにも対テロでは世界トップレベルと評価される部隊が存在する。それがＧＩＧＮ（国家憲兵隊介入部隊）だ。

ＧＩＧＮが注目を浴びるきっかけとなったのは、1994年に起きたエールフランス8969便ハイジャック事件だった。

この事件では、アルジェリアの軍事政権に抵抗するイスラム武装集団4人が同国の首都アルジェのブーメディエンヌ空港でエールフランス機をハイジャックし、フランス南部のマルセイユ空港に強行着陸させた。

1班15人とする3班で出動したＧＩＧＮは、突入からわずか20分で現場を制圧。

1500発もの銃弾が飛び交うなか、4人の犯人を全員射殺、人質は全員無事に救出したのである。

GIGNは、1974年に国家憲兵隊の志願者によって創設された部隊である。常務隊員は約90人。15人で編成された班が4班あり、本部、支援部隊、人質交渉班に分かれている。

GIGNへ入隊できるのは、憲兵隊員で5年間模範的に勤務した隊員のみにかぎられる。最初の1週間の選抜訓練で約9割の者が脱落し、その難関をクリアしたとしても、それから8か月間の継続訓練と見習い期間がつづく。

訓練のなかには射撃練習もふくまれており、隊員にはライフル200メートル射撃で95点以上の命中率の腕が求められる。彼らは元来警察官の身分で射撃には慣れているが、この水準に達する者はめったにいない。また近接戦闘術、パラシュート降下、ロープ降下、水中工作などもマスターしなければならない。相手はテロリストや凶悪犯罪者だけに、当然ながら訓練も激しくなる。

最近はアメリカやヨーロッパの対テロ部隊とも交換訓練を行なっており、さらなる実力アップをめざしている。

永世中立国であるスイスが強力な兵力をもつ理由

スイスは自ら戦争をせず、他国間の戦争にも加担しないと宣言している「永世中立国」だ。しかし、武装を放棄しているわけではない。むしろ、他国に勝るとも劣らない立派な軍隊を保持しているのだ。

スイスの徴兵制では、20歳になると18週間の新兵訓練が義務付けられ、その後も30歳までの10年間に3週間の訓練を7回受けることになっている。この徴兵制を基盤に、東西冷戦時代には、なんと80万人もの兵力があった。現在のスイスの兵力は冷戦当時に比べると激減したが、陸軍、航空軍合わせて20万人(動員時)を有している。

兵器もレオパルト2戦車350両をはじめF-5、F-18戦闘機90機を保有し、ほかにSA-316、AS-332ヘリコプターや地対空ミサイルなどもある。アルプスの小国にしては充実した戦力といえる。

しかしながら、戦争しないと宣言しているスイスに、軍隊が存在するのはなぜなのか。スイスはNATOなどの軍事同盟に参加しておらず、自国の安全は基本的に自国で守らなければならない。そのため、「国防」に関しては、むしろ他国よりも意識が強いのだ。

象徴的なのが、スイス国民の核シェルター保持率である。冷戦期、スイスは民間防衛に関する連邦法を制定し、核シェルター装備を義務づけた。その結果、一般家庭や施設、病院などに30万もの核シェルターが設けられ、全国民がイザというときに避難できるようになっている。

このように永世中立を掲げ、国防に力を注いできたスイスだが、最近になって大きな問題が浮上した。2011年3月、スイスは多国籍軍によるリビアへの攻撃を支援した。これが「永世中立」の国是《こくぜ》に反するのではないかという批判につながったのだ。スイスのカルミレイ大統領は「リビア攻撃は戦争ではなく、あくまで国連の安保理決議にもとづく国際社会の行動だ」との釈明したものの、納得していないスイス国民も少なくない。スイスの永世中立国としての立場がいま、揺れてはじめている。

個性あるトルコ、スウェーデン、イタリアの特徴とは?

ヨーロッパにはイギリス、フランス、ドイツなど強力な軍事力を誇る国のほかにも、個性的な軍隊を保有する国が多数ある。

たとえばイタリアは、その〝負けっぷり〟がよく知られている。イタリアの軍事費は374億ドルで、ヨーロッパではイギリス、フランス、ドイツにつぐ4位。兵器は国産兵器を中心に戦車320両、潜水艦6隻、空母2隻、作戦機250機など、なかなか立派な装備を誇っている。

兵員も数の上では18万8000人とそれなりにいるのだが、質的に弱いというのだ。第二次世界大戦時の北アフリカ戦線では、自国の2倍の重量のイギリス戦車を見たイタリア軍兵士が逃げ出したという。また、湾岸戦争時には戦闘機で爆撃にむかったものの、空中給油に失敗してほとんどが爆撃せずに引き返している。

兵器の性能が優れていても士気が低い兵士が目立ち、将校たちも貴族的タイプが多く実戦に弱い――。陽気なラテン民族はそもそもの気質が戦争にむいていないといわれているが、イタリア人も例外ではないようである。

いっぽうスウェーデンはユニークな兵器を次々と開発し、世界から注目されている。スウェーデンの兵器開発の中心は、自動車メーカーとして有名なサーブ社。じつはこの会社は、自動車よりも航空機や軍用機の生産がメインで、数々の兵器を手がけている。

最近では戦闘・攻撃・偵察を一機ですべてこなすマルチロール戦闘機サーブ・グ

サーブ・グリペン戦闘機／最高速度マッハ2・0。直線距離の短い高速道路からでも離着陸できる特徴をもつ

リペンが注目を浴び、他国へもさかんに輸出されている。また、スウェーデン空軍もこの戦闘機を130機保有している。

最後にトルコを紹介しよう。トルコは現役51万1000人、予備役37万8700人と、世界でも有数の兵力を有する。

冷戦時代、トルコは東西陣営で軍事的衝突が起きれば、真っ先に紛争に巻きこまれる地域に位置していた。そうした地政学的理由も、兵力が膨れ上がった要因と考えられている。

戦車の保有台数が突出しているのもトルコ軍の特徴だ。トルコ陸軍の戦車保有数は4500両。ドイツ1400両、イギリス380両と比べると、その多さが歴然としている。

アジアの軍事情勢

国民の困窮を横目に、世界4位の兵力を維持する北朝鮮

北朝鮮が軍事大国であることを知る人は意外と少ない。北朝鮮と韓国は、朝鮮戦争から半世紀以上にわたって緊張状態が継続しており、全軍の幹部化、全軍の近代化、全人民の武装化、全土の要塞化という4大軍事路線にもとづいて軍事力の強化をはかってきた。その結果、兵力110万人（人口の5％）という巨大な軍隊が出来上がったのである。

その中心は100万人の兵力を有する陸軍。戦車3900両、装甲車2100両、野砲8500門を装備していると見られ、常時配備している240ミリ多連装ロケットや170ミリ自走砲といった長距離砲は、韓国の首都ソウルはじめとする北部都市や軍事拠点を射程圏内におさめる。

海軍は、領海警備と特殊部隊の潜入支援などの役割を担う。水上戦闘艦艇420隻、潜水艦艇70隻、上陸艦艇260隻、哨戒艇《しょうかいてい》30隻が装備され、海岸砲兵部隊や地

対艦ミサイル部隊も配置されている。

空軍は、戦闘機840機、輸送機330機、ヘリコプター310機、練習機180機を保有している。しかし、戦力としてはあまり期待できないといわれており、実戦になれば特殊部隊の輸送もしくは、爆弾を積んだ特攻機として使われる可能性が高いようだ。

このように、北朝鮮は陸上戦力を中心に、きたるべきときに備えているが、じつは致命的な弱点が存在する。兵器の多くは第二次世界大戦後、もしくは朝鮮戦争直後に導入されたもので、近代化が著しく遅れているのだ。

さらに経済制裁にともない石油などの燃料が不足しており、兵器はあっても、それを動かす燃料がないという惨《みじ》めな状況になっている。

そうしたなか、北朝鮮がいまもっとも力を入れているのが特殊部隊だ。北朝鮮の特殊部隊は主要国の情報収集にはじまり破壊工作、ゲリラ戦までさまざまな活動を行なう。韓国の国防白書によれば、特殊部隊に属する兵力は、2006年までは12万人、08年には18万人、10年には20万人と世界最大規模にまで膨れ上がっている。

朝鮮半島が有事となり、北朝鮮が西海（黄海）5島に直接進攻した場合、北朝鮮は6万5000人の特殊部隊を投入するとの予測もあり、その存在に世界の注目が集まっている。

日本にも脅威となる北朝鮮の核開発の現状は?

北朝鮮の軍事力は、兵力は膨大であるものの、兵器に関しては大半が旧式、そのうえ物資不足がたたり兵器を動かすためのガソリンにも事欠く始末……。このように聞くと、北朝鮮の軍事力の脅威が薄れるかもしれない。しかし、北朝鮮には切り札がある。それは核兵器の存在だ。

北朝鮮の核開発は2000年代に入ってから本格化した。2006年5月と09年4月に弾道ミサイルの発射実験を行ない、09年5月には北朝鮮政府が核実験に成功したことを明らかにした。その後、核兵器の原料となり得るウランの濃縮実験をすすめているとの発表もあった。

北朝鮮側からの発表は一方的なもので、信憑性《しんぴょうせい》に欠ける部分もあるが、パキスタンの「核開発の父」と呼ばれるアブドル・カーン博士が北朝鮮を何十回も訪問し、核兵器のノウハウを提供したといわれていることからも、北朝鮮の核開発は、かなりの段階まですすんでいる可能性が高い。小型化した核爆弾を最低数発はもってい

北朝鮮の弾道ミサイルの射程

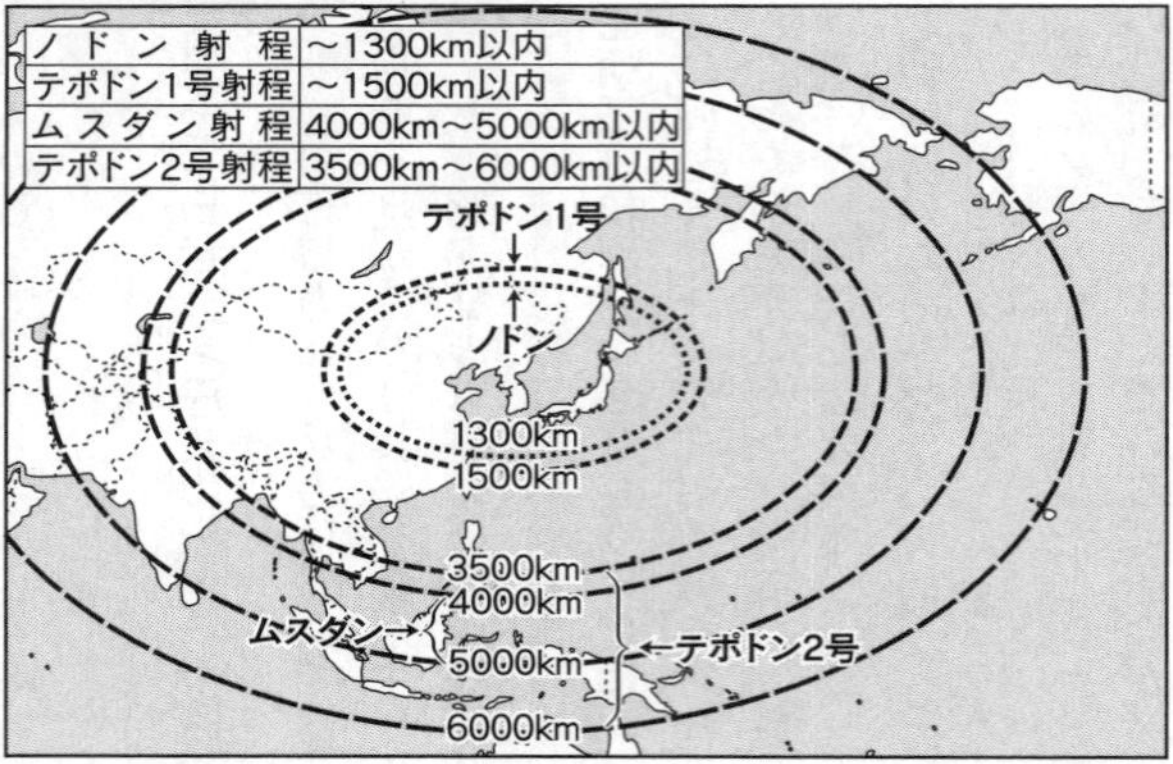

ノドン 射程	～1300km以内
テポドン1号射程	～1500km以内
ムスダン 射程	4000km～5000km以内
テポドン2号射程	3500km～6000km以内

るとの噂もある。

　また、北朝鮮には射程距離１２０キロの「ＫＮ02」、１３００キロの「ノドン」、１５００キロの「テポドン1号」、４０００～５０００キロの「ムスダン」、３５００～６０００キロの「テポドン2号」などの弾道ミサイルが装備されている。

　核爆弾と弾道ミサイル。これは重大な脅威である。なぜなら、北朝鮮は、小型の核爆弾を弾道ミサイルに搭載して、日本や韓国、アメリカといった敵対国を攻撃してくる可能性があるからだ。

　もっとも、北朝鮮も核兵器をじっさいに使用することを考えているわけではない。核兵器をちらつかせながら、経済援助や自国の安全保障などの要求を他国にのませようとしている。すなわち、核兵器を「戦略カード」として利用している。

北朝鮮の軍事的脅威は核兵器だけにとどまらない。生物兵器や化学兵器も大きな脅威だ。生物兵器については、北朝鮮は1987年に生物兵器禁止条約を批准《ひじゅん》してはいる。しかし、それを守っているとは考えにくく、むしろ生物兵器を生産するための生産基盤を構築しているというのが専門家の見方である。

いっぽう、化学兵器については、化学兵器禁止条約の批准さえしておらず、北朝鮮に対する国際社会の歯止めはまったくないのが実情である。化学兵器製造設備をもっており、多くの化学兵器を保持しているだろうといわれている。

日本にとってはすぐ隣にある脅威だけに、北朝鮮の軍事情勢から目を離すことはできない。

北朝鮮軍の侵攻に備え、軍備の近代化を進める韓国

ミサイルによる高い攻撃力をもつ北朝鮮と、北緯38度線を境に相対しているのが韓国だ。韓国は朝鮮戦争停戦後も一触即発の状態にあり、「北朝鮮軍がその気になって攻撃すれば、ソウルは瞬時に焼け野原になる」ともいわれる。では、この北朝

K-1戦車／最高速度65キロ。120ミリ砲装備。北朝鮮の戦車に対抗するため、アメリカ兵器メーカーの助けを借りて開発

鮮の脅威に対し、韓国はどのような軍事力をもって対抗しようとしているのか。

韓国軍の兵力は、北朝鮮軍の110万人には及ばないものの、日本の自衛隊の3倍に当たる65万5000人を確保している。

陸海空の3軍のなかで中心となるのは、52万2000人を擁する陸軍だ。旧式兵器ばかりの北朝鮮軍とは対照的に、韓国陸軍は兵器の近代化に注力している。とくに注目を集める兵器は国産戦車。主力のK-1は韓国初の国産戦車で、北朝鮮軍のどの戦車よりも力は上だといわれ、K-1にさらなる改良をくわえたK-2戦車の開発も行なっている。

海軍の実力もかなりのものだ。兵力は6万8000人、そのうち2万7000人を海兵隊員が占める。保有艦艇は約190隻。1980年代までは魚雷艇や警備艇による沿岸防衛を主な役割としていたが、陸軍の近代化政策とともに海軍も近代化された。

韓国海軍における近代化の目玉は、アメリカ製イージスシステムを搭載した韓国初のイージス艦「セジョンデワン（約7000トン級）」だ。すでに2隻が就航し、1隻が建造中となっている。

また、初の国産艦「クワンゲトワン駆逐艦（約4000トン級）」、ヘリコプター10機・戦車10両・水陸両用装甲車16両・ホバークラフト型上陸用舟艇2隻を搭載可能な「ドクト揚陸艦（約1万9000トン）」なども配備している。

さらに2020年までに、7000トン級イージス艦6隻、5000トン級の駆逐艦6隻、ドクト級の揚陸艦2隻を配備した「戦略機動艦隊」を新たに創設する計画もある。

さらに空軍の兵力は、海軍と同規模の6万5000人である。これまでは陸の防衛に主眼が置かれていたが、しだいに空からの警戒にも重点が置かれるようになり、1990年代に入ると、現在運用中のF-16戦闘機が大量に配備された。

その後、F-16戦闘機は、F-16Kとして韓国国内でライセンス生産されはじめ、近年ではF-15E戦闘爆撃機を改良した15-K「スラムイーグル」も登場している。F-15Kは最新鋭の戦闘機で、自衛隊が保有するF-15Jよりも優れた性能をもっているといわれる。韓国空軍は、このF-15Kを最終的に60機調達する予定である。

また、第5世代のステルス戦闘機F-35ライトニングⅡや、高度無人偵察機「グローバル・ホーク」の導入も計画されている。

ミサイルでは、レーダー追尾の中距離空対空ミサイルAIM120「アムラーム」をはじめ、アメリカ空軍と同レベルの高性能ミサイルを多数有している。射程距離500キロの巡航ミサイル「天龍」、1000キロの「玄武ⅢB」、1500キロの「玄武ⅢC」を実戦配備している点も注目に値する。

このように、韓国軍の戦力は北朝鮮軍を大きく上回っているといえる。自衛隊と比べても同等、あるいはそれ以上との見方もあり、近年の韓国の軍備増強をうかがわせる。

延坪島砲撃事件が韓国に与えた影響とは？

2010年11月23日、北朝鮮軍が韓国・延坪島《ヨンピョン》へむけて約170発の砲撃を行

北朝鮮が砲撃した延坪島

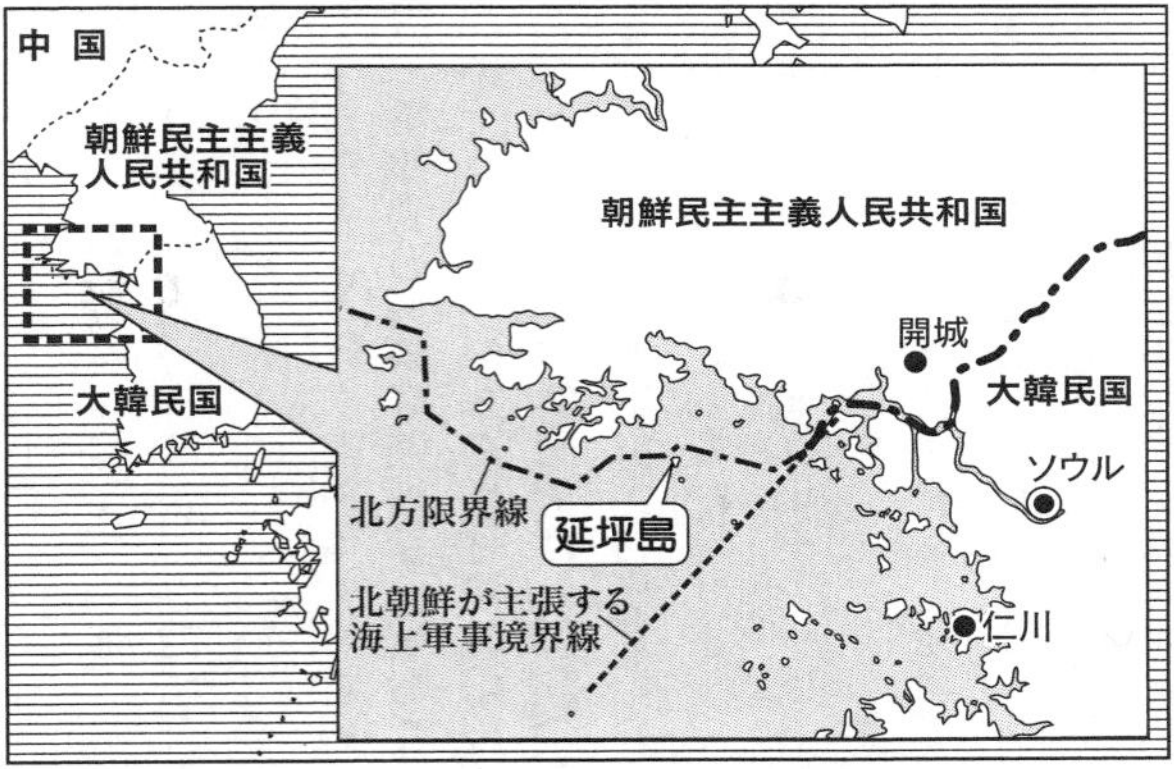

ない、韓国軍兵士2人、民間人2人が死亡する事件が起きた。韓国軍もすぐさま80発の砲撃で応戦し、北朝鮮側にも被害が出たといわれている。北朝鮮による攻撃で韓国の民間人が犠牲になったのは、1953年の朝鮮戦争休戦以来はじめて。この事件をきっかけに、南北間の緊張が一気に高まった。

延坪島は、韓国が南北の軍事境界線と定める北方限界線（NLL）の南側に位置し、韓国は自国の領土としている。しかし、北朝鮮からも10キロほどしか離れておらず、北朝鮮側は韓国領と認めていない。つまり、陸上の境界線は北緯38度で韓国、北朝鮮とも納得しているのだが、海上の境界線は双方の主張に食い違いが見られるのだ。韓国がNLLが境界だと主張するのに対し、北朝鮮は朝鮮戦争の休戦協定に明記されていないとして無効を主張している。

１９９９年に北朝鮮側が一方的にＮＬＬの無効を主張し、延坪島周辺も北朝鮮領であるとの見解を示した。その後２０１０年３月には、韓国海軍の哨戒艇「天安」の船体がまっぷたつに切断されて沈没するという事件が発生。これを受けた韓国は、アメリカ軍と合同軍事演習を決定した。

このように北朝鮮軍の延坪島砲撃の前には布石と思われる出来事があったわけだが、今回の事件後、韓国では北朝鮮の脅威に対抗する準備がすすめられている。

まず韓国軍は、北朝鮮が再度武力による挑発をした場合、挑発に使われた北朝鮮の軍事基地などを戦闘機やミサイルで攻撃する方針を決定した。

さらに、事件後一時的に延坪島に配置した多連装ロケット「九龍」を、延坪島と白《ペン》ニョン島に固定配置した。九龍は射程距離23〜36キロメートル、１３０ミリロケット36門をトラックに搭載して発射できる兵器。北朝鮮がもつ１２２ミリ放射砲よりも威力があるとされている。

こうした兵器を北朝鮮近くに配備することは、有事のさいの打撃能力を増強する狙いがあり、韓国軍がすでに有事を想定した軍備増強を急いでいる証左といえる。

朝鮮半島情勢はますます緊張の度を増している。

中国との有事に備え、軍事力増強に注力する台湾

東アジアの軍事情勢において、思いのほか強大な力を有しているのが台湾である。周知のとおり台湾は中国と長年対立をつづけていて、いまなお準戦時状態にある。そのため、有事に備えて質の高い軍隊を保持しているのだ。

台湾の軍事への力の入れようは、国防費の対GDP比を見るとよくわかる。台湾のGDPに占める軍事費の割合は長らく5％を超えていたのだ。これは韓国の予算規模と同レベルで、2005年に2・4％に減ったものの、2008年にはふたたび3％まで上がっている。現在政権を握っている馬英九《ばえいきゅう》総統も軍事費を3％に保ち、「防衛固守、有効抑止」を軍事戦略として掲げている。

兵力は陸海軍合わせて21万5000人を誇る。さらに、男子は徴兵制によって予備役として登録されているため、有事のさいには165万人の兵力を投入できる。

しかし、中国軍の兵力とは10倍以上の差があるから、ひとたび侵攻を許してしまうと一気に不利になる。そこで中国本土とのあいだに横たわる台湾海峡で、中国軍

の輸送船団を阻止するのが台湾の戦略とされている。

この戦略のカギになるのが海軍と空軍だ。

まず海軍は330隻の艦艇を有し、康定級6隻、成功級8隻などからなるフリゲート艦22隻で中国の上陸部隊を迎撃する。空軍も作戦機を480機保有。F−5戦闘機はやや旧式だが、F−16A／Bは、海軍のフリゲート艦とともに、大きな戦力となる。

とはいえ、中国軍がすさまじいペースで軍拡をすすめているのに比べ、台湾軍は兵器の近代化に課題を残しており、中台の軍事バランスは中国に有利な方向へ傾いているといえる。今後はアメリカによる台湾への武器輸出の動向が、中台の軍事バランスの決定的な要素となるだろう。

小国ながら強力な軍事力をもつシンガポール

シンガポールは、国土面積710平方キロ（東京23区とほぼ同じ）、人口465万人の島国だ。小国ゆえ、軍事力は取るに足らないだろうと考えるかもしれないが、じつはASEAN（東南アジア諸国連合）のなかでは最強レベルの軍事力を誇る。

軍事費を見ても82億ドルで、ASEANでナンバー1だ。

　1965年の独立時、シンガポール軍は1800人の兵力しかもっておらず、国防はすべて旧宗主国のイギリスに頼っていた。しかし､その後軍拡に注力した結果、いまでは陸軍5万人、海軍9000人、空軍1万3000人、合計7万2000人の現役兵力と18万9000人の予備役をもつに至っている。現役と予備役を合わせた26万超の兵力は、日本の兵力とほぼ同じ。シンガポールの国の規模を考えると、かなりのものである。

　じつはシンガポールでは、1967年に制定された国民兵役法によって、2年から2年半の兵役、その後も予備役として年間約40日間の訓練を40歳までつづける義務が課されている。つまり、シンガポールの成人男性は40歳になるまで、毎年40日間軍事訓練を受けなければならない。このシステムによって、国の規模に不釣り合いなほどの兵力が維持されているのだ。

　ただし、シンガポールは国土が狭く、また当面軍事的脅威もないため、実務的訓練はほとんどできない。そこでシンガポール軍は、ASEAN諸国やアメリカ、イギリス、オーストラリア、台湾などとの合同軍事訓練をひんぱんに行なっている。

　また有事のさいには、国内の公共道路が戦闘機の滑走路として使用できるようになっている。あるいは基地が攻撃されても戦闘機に給油ができるように、空中給油機を4機保有していたり、他国に侵略されたケースを想定して大型揚陸艦4隻を保有するなど、小さな島国ならではのさまざまな工夫がなされている。

中国の軍拡に刺激され、軍事力を増強する東南アジア諸国

現在、東アジアでは中国が凄まじい勢いで軍備増強をすすめている。さらには、朝鮮半島でも北朝鮮と韓国の軍拡競争が行なわれている。そうした軍拡の風潮は東アジアにとどまらない。東南アジアでも軍の強大化がすすんでいるのだ。

もっとも目立った動きを見せているのはベトナムだ。ベトナムは、ベトナム戦争でゲリラ戦術を用いてアメリカを撤退させた実績をもつ。この伝統の陸軍戦力にくわえ、近年は空海軍の増強にも力を入れており、2009年にキロ級潜水艦6隻とスホーイ戦闘機（Su-30）8機を購入、10年にはスホーイ戦闘機12機を追加購入したほか、DHC-6哨戒機6機を購入した。

このベトナムの軍備拡張の背景には、中国とのあいだでくすぶる南沙諸島の領有権問題がある。

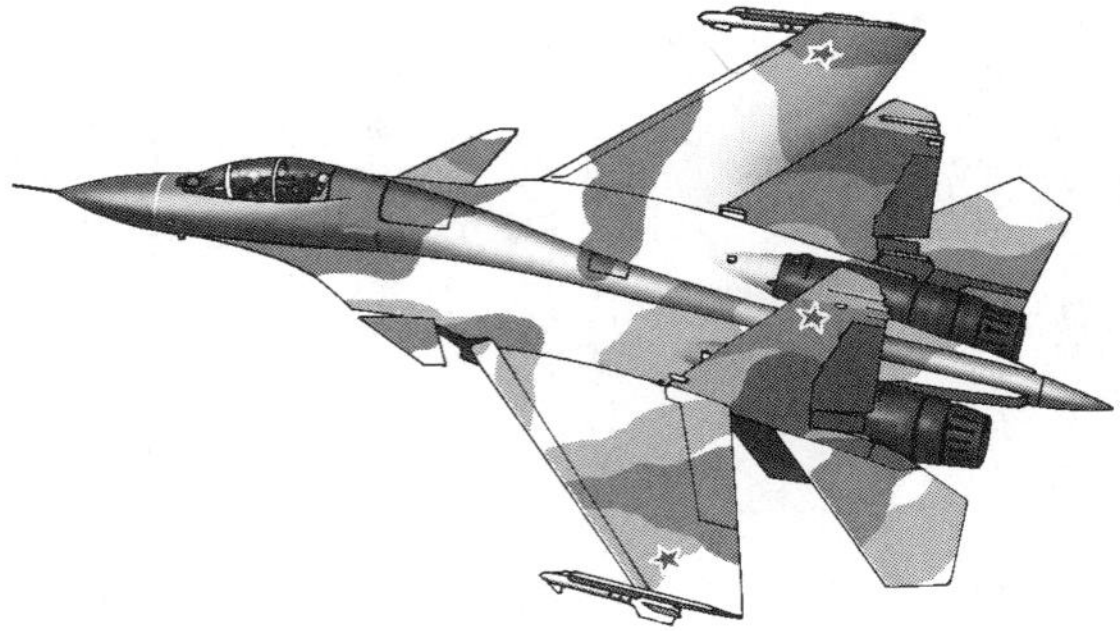

スホーイSu-30戦闘機／最高速度マッハ2・3。ロシアが迎撃戦闘機として開発。多用途戦闘機に改造され、各国が採用

マレーシアもまた、南沙諸島の領有権問題を意識して海軍力の充実を急いでいる。具体的にはスコルペン級潜水艦2隻を購入し、09年7月に南シナ海ではじめての艦隊演習を実施した。さらに11～15年には多目的補給艦3隻の購入を予定している。

インドネシアもブラジルのＥＭＢ－３１４スーパーツカーノ軽攻撃機８機の調達を決めたほか、ロシアのスホーイ戦闘機、スーパーツカーノ軽戦闘機16機の購入を検討している。

また、韓国と共同でＫＦＸ次世代戦闘機を開発する覚書に調印しており、今後10年間でこれを50機程度調達する予定だという。

タイも積極的な装備調達を行なっている。２０１０年にはグリペン戦闘機６機、

UH−60Lブラックホーク・ヘリコプター3機の購入を決め、11年にはフランスやロシアから中古潜水艦2隻を購入する計画を立てている。

このように東南アジアでの軍拡もしだいに勢いを増してきている。SIPRI（ストックホルム国際平和研究所）の報告によれば、東南アジア諸国が兵器の購入に費やした金額は、2005〜09年のあいだに2倍近くに増加している。

その理由としては、既存の兵器が老朽化し、買い替えが必要だったという事情が考えられるが、それ以上に中国の海洋進出に刺激されて、軍拡傾向に拍車がかかったとも見られている。じっさいのところ、少々の軍拡で中国に太刀打《たちう》ちできる国はない。それでも可能なかぎり、自国の海岸線や島嶼《とうしょ》部の警備を強化したいとの思惑があるようだ。

ミサイルや空母まで開発するインドの思惑は？

近年、インドの経済成長が目覚ましい。2009年の世界金融危機まで毎年7〜9％の成長率を維持し、中国と並ぶアジアの2大新興国と見なされるようになった。

この経済成長とともに、インドが力を入れはじめたのが軍備増強だ。経済大国化する以前のインド軍は100万人超の兵力、空母や核兵器、弾道ミサイルなどを保有しながら、その装備のほとんどが旧式だった。戦略的にも本土防衛しか考えていなかった。しかしながら、近年は積極的に軍拡をすすめ、外国との軍事交流も活発に行なっているのである。

2010年のインドの軍事費は世界10位の366億ドルで、対GNP比では2・5％に達する。兵力は131万人6000人で世界3位規模を誇り、このほかに準軍隊や予備役兵が控えている。総兵力は300万以上といわれている。

装備に関しても、懸案《けんあん》だった旧式の兵器から最新式への変換を推進中だ。中距離弾道ミサイル「アグニ（「火」の意）Ⅲ」と大陸間弾道ミサイル「アグニⅤ」の開発をすすめているほか、ロシアと共同で超音速巡航ミサイル「ブラモス」を開発中。さらに宇宙開発にも触手を伸ばしている。

また、海軍は1950年代から空母2隻を保有していたが、2005年にロシアから排水量4万5000トンの航空巡洋艦を購入、09年には国産空母の建造に着手しはじめた。

さらに2011年には、国産第2号の建造計画も取りざたされている。

空軍の補強にも余念がなく、次世代戦闘機126機の購入を予定している。

現在のインドは兵力、装備とも世界有数の軍事大国といえる。では、なぜインドは急速に軍事力で台頭してきたのか。

一般的には、隣接する中国とパキスタンに対抗するために軍拡をすすめていると見られている。とくに警戒を強めているのが中国の勢力拡大だ。

2章で解説したように、中国は資源の権益を得るためにアフリカや中東諸国との関係強化をはかっている。そして資源の輸送路として、インド洋やマラッカ海峡、南シナ海の航路を確保しようとしており、西太平洋沿岸各地に軍事拠点を築きはじめた。

こうした中国の動きに、インドは反発している。インドにしてみれば、自国の近海にまで中国の支配が及ぶのは何としても避けたい。そこで軍事力を強化することで、中国に圧力をかけようとしているのである。

従来、インドはロシアと親密な関係にあったが、最近はアメリカや日本との結びつきを深めようとする動きも見られる。インドとしては、アメリカや日本と連携を強化しながら、中国の海洋進出に対抗したいとの考えがあるようだ。

今後、アジアの軍事情勢を見るうえでは、中国とともにインドの動きにも注意する必要があるだろう。

インドに対抗して核兵器を有するパキスタン

イギリス植民地時代、インドとパキスタンは同じひとつの国だったが、独立時に宗教の違いから対立するようになり、3次にわたる印パ戦争をくりひろげた。パキスタンはいずれの戦争でも負けつづけ、そのたびに領土を奪われた。

そうしたなか、インドは1974年と98年に二度の核実験を行なった。インドが核保有国となれば形勢は圧倒的不利に陥るということで、パキスタンもすかさず98年に核実験を実施。ついに両国は核兵器を向け合う関係になったのだ。

このようにパキスタンはインドは緊張状態にあるため、軍備についてもインドを大いに意識したものになっている。

パキスタン軍の現役兵力は陸軍55万人、海軍2万2000人、空軍4万5000人で合計61万7000人。これに予備役をくわえると、100万人超の軍事大国だ。印パ関係の緊張が高まると、パキスタン軍はこの膨大な兵力を国境付近に動員し、インド軍と対峙する。2002年10月には、両国の兵士が計100万人も配備され、一触即発の事態に陥った。

それでは装備はどうだろうか。最大の兵器はやはり核兵器だ。「核開発の父」と呼ばれるカーン博士の指揮のもとで核兵器を完成させ、現在70～90発の核弾頭を所有していると見られている。

また陸軍は中国製を中心に2400両以上の戦車をもち、空軍はフランス製のミラージュⅢ、アメリカ製のF-16などを保有。作戦機は合計380機を数える。

しかし、これらの兵器はほとんどが旧式だ。積極的な軍備増強をはかるインド軍に比べると、兵力で対抗できたとしても、通常兵器は明らかに見劣りしてしまう。そこでパキスタンは同盟関係にある中国と軍事協力し、戦闘機の共同開発を行なうなどしているが、新鋭兵器への移行が完了するにはまだ時間がかかりそうだ。

また、パキスタンは中国だけでなく欧米諸国とも良好な関係を築いており、アメリカから供給された兵器も多い。

しかし、2011年5月にアメリカ軍によって殺害されたオサマ・ビンラディンが、パキスタンの軍事施設の近くに潜伏していたことから、アメリカはパキスタンがビンラディンを匿《かくま》っていたのではないかと疑いをもちはじめた。

これによりパキスタンとアメリカの関係に亀裂《きれつ》が入れば、兵器供給のほとんどを中国に依存することになるため、この地域におけるパキスタン、インド、中国のパワーバランスに変化が生じるかもしれない。

中東の軍事情勢

核開発の疑惑から脅威となっているイラン

パレスチナ問題、イラク情勢、民主化運動、リビア騒乱……中東はつねに多数の不安定要素を抱えている。そして、そのなかには、アメリカから「悪の枢軸《すうじく》」と名指しで非難されたイランの存在もある。

イランは1990年代から国内の施設でウランの濃縮活動をはじめた。ウランの濃縮とは核兵器製造のために不可欠な作業で、天然ウランに約0・7％ふくまれているウラン235という物質を90％にまで濃縮する。

イランの「核の平和利用（原子力発電）」だという主張に対し、国際社会は核開発目的にちがいないと疑惑の目をむけている。これまでアメリカなどが疑惑追及を試み、国連も濃縮活動の停止を求めたが、イランは濃縮を継続。まもなく核保有が可能になる段階まできているとの分析もなされている。

イランが核武装すれば、中東の軍事的均衡がさらに不安定化することはまちがいなく、欧米諸国が監視の目を光らせている。

しかし、イランは核兵器を抜きにしても、中東では有数の軍事大国だ。そもそもイラン軍は、正規軍と革命防衛軍の二重構造になっている。それぞれ陸海空の3軍を保持し、総兵力は54万5000人にのぼる。

注目すべきは革命防衛軍。これは1979年のイスラム革命後に設立された精鋭部隊で、国内外の工作活動も担う。兵力は10万人ほどだが、有事のさいには数百万人単位で大動員をかけられる民兵部隊も管轄《かんかつ》している。アメリカからも警戒されており、2007年には「イランの防衛軍がイラクのシーア派勢力を支援しているせいで、イラクの治安が悪化している」と非難されたほどだ。

このようにイラン軍は、兵力に関してはかなり充実しているが、装備は心もとないといえる。じつはイラン軍の兵器の大半は、1980年以前の旧式なのである。

イスラム革命以前、イランは親米の国だったため、アメリカから武器を購入することができた。しかし革命後、反米を標榜《ひょうぼう》するイスラム国家となったことでアメリカと険悪な関係になり、武器の供給がストップしてしまったのだ。

小火器を自国で生産したり、中国やロシアから自動小銃、ロケット・ランチャーなどのライセンスを得て生産しているものの、陸軍や空軍の主力装備はほとんど1

970年代製で、欧米の最新鋭装備を相手にするには貧弱だ。

ただし、1990年代後半からはロシアの技術援助を受け、中距離弾道ミサイルの開発が行なわれている。「Shahab-3」はイスラエルを射程圏内におさめ、「Shahab-6」に至っては、ヨーロッパ全域とアメリカの東海岸までが射程圏内に入るという。2006年にはより精度の高い射程距離4000〜5000キロの「クーサール」も開発されている。こうした高性能のミサイルに核弾頭が搭載された場合、周辺諸国への脅威はいっそう増すことになる。

イランの軍事力は、中東を、さらには世界を震撼《しんかん》させているのだ。

建国以来戦争が絶えず、強大な軍事国家となったイスラエル

ユダヤ人国家であるイスラエルは、同国の存在を認めないアラブ諸国に四方を囲まれている。いわば四面楚歌《しめんそか》の孤立国である。そうした状況に置かれていることから、1948年の建国以来、軍備増強を推しすすめ、中東一の軍事大国へと成長。四次にわたる中東戦争では、すべてに勝利をおさめて国を守り抜いた。

では現在、イスラエル軍はどれほどの軍事力を有しているのか。

まず兵力は現役17万8000人、予備役は57万人を誇る。人口730万人の小国ながら、女性もふくめた全国民に兵役義務が課されているため、兵力に関してはイギリス、フランス、ドイツといった国々のはるか上をいく。

装備の充実ぶりも目を引く。アメリカから援助された最新兵器のほか、技術力を活かした国産兵器の開発もすすんでおり、兵器の質は群を抜いている。

たとえば、『旧約聖書』で「神の玉座」を意味する陸軍の国産主力戦車メルカバは、乗員の防護を最優先に考え、重装甲で独特な形状をもつ。1982年のレバノン紛争ではデジタル火器管制システムやレーザーレンジファインダーに支えられた主砲でシリア軍のソ連製T‐72に圧勝し、その能力の高さを世界中に示した。

空軍はアメリカ製のF‐16を300機保有している。これは旋回能力など運動性に優れた戦闘機で、「ファイティング・ファルコン」の愛称からわかるように空中戦で圧倒的な強さを見せる。F‐15、F‐4、A‐4などを合わせると、実戦に参加できる作戦機の総数は460機に及ぶ。

また、イスラエルは国産兵器の輸出にも力を入れている。2001～08年におけるイスラエルの武器輸出額は99億ドルで、世界7位にランクインしているのだ。

なかでも高い評価を得ているのが、無人航空機（UAV）。これは、1973年

メルカバ戦車／最高速度60キロ。120ミリ砲装備。エンジンを前部に配置し、被弾時に乗員の人命を優先する設計が特徴

の第四次中東戦争で約２７００人もの兵士を犠牲にしたことをきっかけに開発された兵器で、ミサイルを搭載した無人機が攻撃を行なう。１９９１年の湾岸戦争ではアメリカと共同開発した無人偵察機ＲＱ－２パイオニアが就役した。２００６年のレバノン紛争ではイスラエル軍の無人機が、有人機より活躍したといわれている。

　ロボット兵器の開発もすすめている。その代表格がソフトボール大のレーダー、アイボール。敵陣に投げこむと、目玉のようなレンズが敵の動きを捉えて映像を発信し、音声、有毒ガスを感知したり、無線を傍受《ぼうじゅ》できる。爆発物を搭載すれば攻撃にも用いることができる。

　これらの高度な軍事技術は、民間のハイ

テク産業にも転用され、イスラエル経済を支えているという一面もある。

イスラエルは、建国以来、つねに周辺国との戦争の危機に直面してきた。そのことが、ここまで強大な軍事力をもつに至った理由といえる。

イスラエルの軍事行動をアメリカが支持しつづける理由

アメリカは、イスラエルを建国当時から支えてきた。いつ何時でもイスラエル擁護の立場をとり、同国の人々を支援してきた。イスラエルが世界に冠たる軍事大国になったのも、アメリカが背後から軍事支援をつづけてきたからこそだといえる。

１９６７年に起きたエジプトとの「６日戦争」（第三次中東戦争）以降、イスラエルに対するアメリカの支援はしだいに増大していき、現在では毎年30億ドルの軍事・経済援助のほか、融資保証、食料補助、給付金などがイスラエルに流れている。この額はイスラエル国民ひとり当たり年間５００ドルに相当する計算だ。

近年ではブッシュ政権（２００１～09年）の肩入れが目立つ。５年間で１６８億ドルもの軍事支援を行ない、軍事外交上でも親イスラエルの態度を貫き通した。国連の安全保障理事会がイスラエルを批判する決議案に拒否権を発動し、32もの決議案を拒否。国連のイスラエル批判をことごとく妨害してきた。

では、なぜアメリカはこれほどまでにイスラエルを支援するのか。

冷戦時代には、ソ連に対抗するには、イスラエルを支援することが戦略上有益だったからである。だが、ソ連が崩壊したいまとなっては、この方針は的外れで、真の理由は、アメリカ社会に君臨するユダヤ系市民の政治力にあるといわれる。

ユダヤ系市民は議員や政党に働きかけて政治を動かすロビー活動を果敢に行なう。しかも莫大な富と高い教育水準を誇り、政治や金融、マスコミの世界で圧倒的な権力を握っている人物が多い。ユダヤ・ロビーはアメリカの大統領選では支持候補者に資金を流し、大統領まで動かす。候補者にとってユダヤ系市民の支持を得ることはひじょうに重要なのだ。

ところが近年、アメリカだけでなくロシアもイスラエルに接近し軍事協力を行なっている。たとえばロシアはイスラエルから12機の無人偵察機を購入し、軍事装備の近代化をはかっている。

イスラエル側も、ロシアと軍事協力することは、ロシアの親アラブ政策を阻止することになるので、メリットが大きい。今後は、アメリカとロシアの2大国を相手にした軍事大国イスラエルの動向が注目される。

アメリカと手を結び、軍事力を強化してきたエジプト

エジプトはアラブ世界の中心国である。経済は資源大国サウジアラビアにつぐ規模を誇り、政治的影響力もこの地域ではきわめて大きい。さらに、エジプトは軍事力も強大である。中東戦争ではイスラエルに敗れはしたものの、アラブの盟主として四次にわたる激戦を戦い抜いた。とくに、第四次中東戦争で、イスラエル軍に総攻撃をかけて大損害を与えたスエズ運河渡河《とか》作戦は語り草になっている。

現在の兵力は陸軍34万人、海軍1万8500人、空軍3万人、防空軍8万人の合計46万8500人で、世界9位にランクされる。予備役をくわえると100万人超となり、中東・アフリカでは最大規模の軍隊だ。

装備も陸軍、空軍を中心に近代化がすすめられ、充実している。陸軍はM1A1などの戦車3700両を保有しており、機甲師団の強さは誰もが認めるところだ。空軍はF-16、F-4などFシリーズの戦闘機を主力として460機をもつ。

これらの装備は、主にアメリカから供与されている。イスラエルと敵対する国に対して、なぜアメリカが武器を提供するのか、と疑問を抱く人もいるかもしれないが、じつはエジプトは親米国家なのである。

中東戦争後の1979年、エジプトのサダト大統領はイスラエルのベギン首相と平和条約を締結し、和解を実現させた。その条約締結の見返りとして、アメリカはエジプトに毎年多額の軍事・経済援助を与えることになり、両国の関係は深まっていったのだ。2010年の援助額は、軍事援助13億ドル、経済援助2億5000万ドルで、総計15億ドルを超える。アメリカからこれほどの援助を受けているのは、イスラエルを除くとエジプトだけである。

エジプトとアメリカの軍事的蜜月《みつげつ》関係は、サダトにかわって誕生したムバラク政権下でも維持され、1980年代以降はアメリカの軍事援助がエジプト軍の近代化を支えた。その結果、現在のエジプト軍の陸軍と空軍は世界でも有数と評価されるまでになっている。

しかし2011年、独裁体制を30年以上つづけてきたムバラク政権は、民主化運動の波にさらされ、ついには転覆《てんぷく》してしまった。ムバラクは、アメリカの重要なパートナーとして同国の中東政策に協力してきたが、エジプトの新政権が親米路線を継ぐかどうかは不透明だ。

エジプトの新政権がアメリカやイスラエルとの関係を悪化させた場合、今後、中東のパワーバランスが大きく変化する可能性も指摘されている。

オイルマネーで装備を充実させる中東諸国の実態

近年、アラブ諸国はオイルマネーの恩恵を受けて急速な経済成長を遂げている。中東・北アフリカ諸国におけるＧＤＰ成長率は２００３〜08年の５年間、前年比５％超の水準を維持してきた。この経済成長を背景に、中東諸国は軍備増強にむかっている。

アラビア半島最大の軍事大国サウジアラビアは、アメリカ軍の駐留を認めるほどの親米国家で、アメリカ製の兵器を次々に輸入することにより、装備を充実させてきた。

兵力は12万６５０００人で、空軍と陸軍が主力となっている。空軍にはアメリカ製の最強戦闘機Ｆ-15が１５０機以上あり、陸軍にはアメリカ軍でも主力として活躍しているＭ１戦車が３００両以上ある。海軍はフリーゲート艇７隻、コルベット艇４隻などを保有する。

サウジアラビアの隣国クウェートも、相当な軍事力をもっている。湾岸戦争ではイラク軍の侵攻を許したが、その後は親米路線をとり、アメリカの援助を受けて独自の軍隊を編成してきた。

兵力は1万5500人、予備役2万3700人とあまり多くはない。しかし、アメリカから供与されたF／A-18戦闘攻撃機や、M1A1戦車を装備している。

また、アメリカはクウェートをアメリカ軍の後方支援基地と位置づけており、8000人もの兵力を駐留させているため、これをふくめたクウェート全体としての軍事力はかなりのものといえるだろう。

サウジアラビアとクウェートがアラビア半島の親米国家の代表とすれば、反米・反イスラエルの代表はシリアだ。シリアはパレスチナの過激派やレバノンのヒズボラを支援しているという理由で、アメリカからテロ支援国家に指定されている。

シリアの兵力は32万8000人、予備役31万4000人。対イスラエル用の兵力を多数準備することでイスラエル軍の攻撃に対する防御能力を高め、戦略兵器を保持することでイスラエル軍への抑止力としている。

そして最近はロシアとの関係を密にし、ロシアから新型対航空機・対装甲車ミサイルを購入。また、ヒズボラに移動式弾道ミサイルを供与したり、核兵器を開発しようとしていたという疑惑も浮上している。

アラビア半島をふくむ中東は、つねに不安定な地域である。ここに挙げた国々が、この地域の軍事のパワーバランスを左右するカギを握っているといえる。

南米の軍事情勢

南米で最強の軍事力をもつブラジル

広大な国土（世界5位）、2億人近い巨大人口、石油、鉄鉱石など豊富な天然資源……ブラジルは経済成長に必要な要素をすべて兼ね備えている。またも2014年にサッカーワールドカップを、16年に夏季オリンピックを開催することが決まっており、これらのイベントがさらなる経済効果をもたらすと考えられている。

この南米一の大国ブラジルは、軍事力でも他の南米諸国を圧倒している。軍事費は297億ドル、兵力は陸軍19万人、海軍6万7000人、空軍7万7000人で合計32万7700人を誇る。どちらも南米においては随一の規模だ。

ただし、装備は旧式が多い。陸軍は1960～70年代のドイツ製戦車を主体とし、空軍も50年代のアメリカ製のF-5戦闘機を主体としている。

海軍の装備にも不安がある。ブラジル海軍はかつてイギリス製の軽空母ミナス・ジェライスを保有する南米唯一の空母保有国だった。しかし、ミナス・ジェライスは半世紀以上前につくられた超旧式の空母で、2001年には退役が決定し、その後解体された。

このようにブラジル軍は、兵力は十分ながら装備の脆弱《ぜいじゃく》さが見られる。それでも近年はフランスと軍事協力体制を築き、装備の刷新をはかっている。

たとえば、2000年にはフランスから空母フォッシュを購入した。これはA－4スカイホーク16機、ヘリコプター9機を搭載できる3万2000トン級の空母で、現在はフォッシュから「サンパウロ」と名称を変えて活躍している。

また2011年5月には、フランス製のスコーピオン型攻撃型潜水艦や最新鋭のラファール戦闘機、軍用ヘリコプターを購入。さらに近い将来、フランスから技術供与を受け、ブラジル独自の潜水艦やラファール戦闘機を開発することで合意した。

現在、南米ではブラジル軍と対等に戦える国は存在しない。しかし、それでもブラジルはさらなる軍事力の強化に余念がない。

ブラジルを追いかける南アメリカの軍事大国は？

前項で、南米一の軍事大国がブラジルであると述べた。そのブラジルを中心に近年、南米諸国の軍拡傾向が止まらない。SIPRIの調査報告によると、南米諸国の兵器購入額は2005~10年までの5年間で150%も増加している。世界平均が22%という数字から、その激増ぶりがよくわかる。

では、ブラジル以外の国々はどの程度の軍事力を有しているのか。

まずブラジルの最大のライバル、アルゼンチンは陸軍4万人、海軍2万人、空軍1万5000人、合計7万5000人の兵力をもつ。この兵力はブラジルの4分の1にも満たず、装備も旧式のものが多い。

しかし1982年には、フォークランド諸島の領有権をめぐってイギリス軍と激戦をくりひろげ、善戦した実績がある。

技術力に優れ、国産兵器の開発能力もあることから、将来的にはブラジルに匹敵する軍事大国になる可能性もないわけではない。

2010年には、フォークランド諸島沖合にある油田の開発権をめぐって、ふたたびイギリスとの緊張が高まった。いまのところ武力衝突に発展する気配はないが、将来は、紛争に発展しないともかぎらない。

そのアルゼンチンとアンデス山脈を隔てて隣接するチリは、南北に細長い海岸線を有しているため、昔から海軍の増強に力を入れてきた。兵力は陸軍3万6000

人、海軍2万400人、空軍8500人で、全軍に占める海軍の割合が他国に比べて大きい。

海軍の主力は、デューク級のフリゲート艦である。1990年代にイギリスで建造された排水量4900トンの大型艦艇で、これを3隻保有している。また、排水量3320トンのカレル・ドールマン級フリゲート艦も2隻ある。

これら新鋭の艦船で装備しているチリの海軍力は、ブラジル、アルゼンチンに匹敵すると考えられている。

にらみあう南米の3国

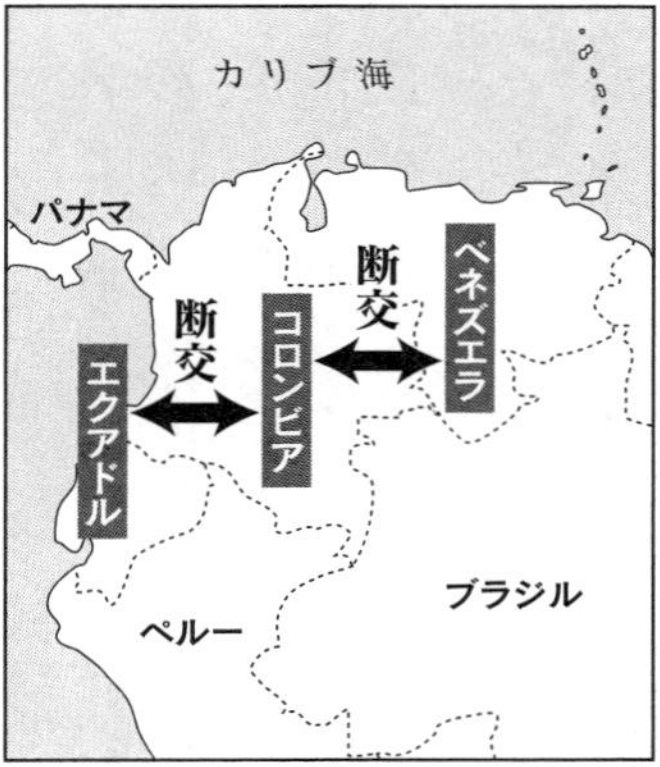

そしてコロンビア、エクアドル、ベネズエラという国境を挟んだ3か国の軍事力も注目に値する。
3か国は、「コロンビア対ベネズエラとエクアドル」という構図の対立関係にある。
2008年、コロンビア軍が反政府左翼ゲリラFARC（コロンビア革命軍）のエクアドル領内にある拠点を越境攻撃すると、エクアドルは主権侵害を訴えコロンビアと断交。コロンビアの親米姿勢に不満を抱く反米の急先鋒《きゅうせんぽう》ベネズエラも、エクアドルに同調してコロンビアとの断交を発表した。いわゆる「アンデス危機」である。兵力ではコロンビアが22万8000人。ベネズエラの7万8000人、エクアドルの6万人をはるかに凌駕《りょうが》する。コロンビアはFARCとの国内紛争に関連して年年軍備増強をエスカレートさせているのだ。3国のにらみ合いはしばらくつづきそうで、予断を許さない。

内陸国なのに海軍を持っている不思議な国、ボリビア

ここ最近、南米では左傾化が目立っている。新自由主義経済を否定し、極端な民族主義を打ち出す急進的な左派政権が各国で誕生しているのだ。前項でも取りあげたベネズエラ、エクアドル、ボリビアが代表格とされ、アメリカ主導の新自由主義から脱却し、ゆくゆくは中南米同士の相互協力にもとづくラテンアメリカの統合をめざしている。

アメリカに対抗するには相応の軍事力が必要になるが、ボリビアの軍隊に関してはひじょうにユニークな構成となっている。

現在のボリビアの兵力は陸軍3万4800人、空軍6500人、海軍4800人。ほかの南米諸国と比べても小規模だが、ここでひとつ疑問が生じる。ボリビアは南米の内陸部に位置しており、周囲には海がない。それにもかかわらず、なぜ海軍が存在しているのか。

じつはかつてのボリビアは、海に面した国だった。しかし1879年、チリと交戦して敗北を喫《きっ》してしまう。その結果、12万平方キロメートルの領土とともに、400キロメートルの海岸線と太平洋への出口を失ってしまったのだ。

それ以来、ボリビアは海のない国として存在してきた。だが、海があった時代には立派な海軍を擁していただけに、内陸国になったとはいえ、おいそれと海軍をなくすわけにはいかない。

いつの日か、チリから海岸線を取りもどし、海に乗り出そうとの気構えもある。そうした理由で、ボリビアは海軍を存続させたのである。

現在、ボリビア海軍は、国内の有名観光スポットでもあるチチカカ湖で訓練を行ない、きたるべきときに備えている。また、河川でのパトロールなどでも活躍している。

そのほかの有力国の軍事情勢

オーストラリアがすすめる「軍備増強20年計画」とは

南半球のオセアニアに位置するオーストラリアは、日本の21倍という広い国土と豊富な天然資源に恵まれた国である。第二次世界大戦では日本軍とも戦い、ベトナム戦争、湾岸戦争、イラク戦争などにも参加したが、現在はイギリス連邦の一員である。さらに国連平和維持活動におけるPKO部隊としても活躍を見せている。

そんなオーストラリア軍の兵力は陸軍2万8000人、海軍1万3000人、海軍1万4000人の合計5万5000人。予備役は2万8000人で、総兵力は8万3000人になる。

この兵力だけを見ると、それほど大きな戦力ではないように思われるが、海軍の充実ぶりには目を見張るものがある。そもそもオーストラリアは太平洋とインド洋、アラフラ海に囲まれた海洋国家だけに、周辺海域の制海権を確保することが最重要課題となるからだ。

海軍の主力は14隻のフリーゲート艦で、アンザック級とアデレード級がある。ほかに哨戒艇14隻、機雷戦艦艇9隻、両用戦艦艇23隻なども装備している。空軍も主力戦闘機としてF－18、F－111などを230機保有しており、レベルが高い。この海軍と空軍を併用して、制海権を握るのがオーストラリアの基本戦略だ。

そして最近、オーストラリアは積極的に軍備増強を進めている。

中国の、空母をはじめとする海軍の大幅増強を目の当たりにして、危機感を覚えているのだ。

2009年には「軍備増強20年計画」を発表。この計画では、海上・海中発射巡航ミサイル搭載の潜水艦を倍増させるほか、次世代潜水艦の保有も計画している。次世代潜水艦の初期設計は2014～15年ごろにスタートし、17年間で総額250億ドルに達するといわれる。空軍では最新鋭のF－35ステルス戦闘機を100機も入手する予定だ。

オーストラリア史上最大といわれる軍備増強がいま、着々と進行している。順調にすすめば、オセアニア地域でのオーストラリア軍の存在感はいま以上に増し、中国に必要以上に怯《ひる》む必要もなくなるだろう。

経済力を活かし、アフリカ最大の軍事力をもつ南アフリカ

南アフリカは近年、急速な経済発展を遂げている。ここ10年間でＧＤＰ（国内総生産）を2倍以上に増加させ、２０１０年にはアフリカ大陸初のサッカーワールドカップ開催国となった。

自動車製造業、金融産業が好調で、金やプラチナ、クロムといった天然資源が豊富なことから、今後さらなる発展が見込まれている。

このアフリカ最大の経済大国である南アフリカは、軍事力でも周辺国の数段上をいっている。

兵力は陸軍３万７１００人、海軍６２００人、空軍１万７０００人の合計５万４０００人。アフリカ諸国では充実した兵力といえる。また一時核兵器を保有していたこともからわかるように、技術力に定評があり、国産兵器を多く開発している。

国産兵器の代表例としては、陸軍のＧ６ライノ１５５ミリ自走榴弾砲《じそうりゅうだんほう》が挙げられる。これは6輪の装輪式《そうりんしき》自走砲。キャタピラでなく装輪を採用しているため、砂漠でも高速で長距離を走ることができる。世界各国で高く評価され、アラブ首長国連邦やオマーンにそれぞれ輸出された。

G6ライノ155ミリ自走榴弾砲／最高速度90キロ。155ミリ砲装備。射程距離が長く、砂漠や道路をタイヤで高速走行する

海軍はドイツ製のヴァラー級フリゲート艦を保有している。南アフリカは広大な領海をもっているため、海洋防衛に対しても力を入れている。

空軍の主力戦闘機は、イスラエルの技術支援をもとに開発されたチーターを配備しているほか、スウェーデン製の次期戦闘機グリペン、対地作戦支援用の国産の攻撃ヘリなどがあり、たいへん充実している。

このように国産兵器の割合が高く、交換部品の供給やメンテナンスが安定していることも南アフリカ軍の強みである。

南アフリカの軍事力は、アフリカ諸国と比較すると圧倒的な力を誇る。今後も経済力を背景に、さらなる軍備の充実が予想される。

軍事同盟の最新情勢

現在も拡大しつづける世界最大の軍事同盟NATO

2011年2月、リビアで政変が勃発、最高指導者カダフィ大佐率いる政府軍が市民に対する大規模な攻撃を開始した。これに対し、国際社会はアメリカを中心とする多国籍軍が事態の収拾をめざして軍事介入していたが、3月下旬になると一連の軍事作戦がすべてNATO（北大西洋条約機構）へと引き継がれた。

NATOは国際紛争や内戦のさい、しばしばニュースに登場するが、いったいどういう組織なのか。

NATOは現在、世界一の軍事同盟である。参加国は28か国におよび、世界の軍事予算の6割が集中している。

発足したのは東西冷戦下の1949年のことだ。当時、ソ連や東欧の共産主義国はその勢力をどんどん拡大していた。危機感を抱いた西ヨーロッパ諸国は、ソ連との武力衝突に備え、アメリカ、カナダも巻きこんでNATOを結成したのである。

これを見た共産主義勢力は、1955年、NATOに対抗する軍事同盟ワルシャワ条約機構を結成し、世界の軍事情勢は、この二大勢力が対峙《たいじ》する時代が長らくづいた。しかし、1990年代に入ると、ソ連をはじめとした共産主義国が次々に崩壊、ワルシャワ条約機構は解体してしまう。

これによって、従来のNATOの存在意義はなくなり、その役割を変えることになる。そのきっかけは1992年からクロアチアやボスニア、コソボなどバルカン半島で続々と紛争が勃発したことにある。NATOは1995年にボスニア紛争に軍事介入、1999年にはセルビアとコソボ紛争にも介入した。これらの介入が成功したことで、その後のNATOはヨーロッパや大西洋地域の安全保障のために紛争の予防、危機管理に積極的に乗りだすことになったのである。

21世紀を迎えると、NATOの介入はさらに広範囲となった。2001年9月のアメリカの同時多発テロを受け、アメリカに協力するかたちで「テロ対策」にもくわわったのだ。アフガニスタン戦争にも部隊を出し、タリバンと戦闘をくりひろげている。

NATOは、EU加盟国とアメリカを中心に構成されているが、冷戦終結後からもともとワルシャワ条約機構に加盟していた東欧諸国が次々にNATOに参加してきて、現在はヨーロッパ全土に勢力がひろがっている。

こうしたNATOの拡大を快く思っていない国がロシアだ。かつての同盟国がみな手のひらを返したわけだから、ロシアとしてはいやがうえにも危機感が高まる。

そうした経緯のなか、2002年、ロシアはNATOの準加盟国扱いとなる。しかし、ロシアは東欧のNATO加盟まではしぶしぶ認めてきたが、ソ連の構成国だったグルジアやウクライナまでもが参加を希望すると激しい反発を見せた。2008年8月にはロシア軍がグルジアに軍を侵攻させるという事態が勃発。これに対し、NATOが軍事介入したため、NATOとロシアは全面対立へとむかっていったのである。

2010年にNATOとロシアのあいだで、ポーランド、チェコへのミサイル防衛システム（MD）の共同研究が打ちだされたときも、両者は対立を見せた。

NATO側はMD計画にロシアも参加させ、「新時代のNATO」への転換を試みたのだが、ロシア側は対等な立場での連携を求め、その後の協議が難航することになった。

NATOは、強大な軍事力をもって紛争防止や平和維持に貢献している。しかし、このまま東方への拡大がつづけば、ロシアの警戒感が一段と強まり、両者の軋轢《あつれき》はますます大きくなるとも考えられる。世界はふたたび冷戦時代に逆戻りしてしまう可能性も否めないのである。

NATOに対抗する勢力となる可能性のある上海協力機構

ロシアが、NATOの東方拡大に神経をとがらせていることは、前項で解説したとおりだ。一触即発とはいわないまでも、ロシアは世界最大の軍事同盟であるNATOを強く警戒している。そうしたなか、ロシアがNATOへの対抗勢力として大きな期待を寄せているのが上海協力機構（SCO）だ。

上海協力機構は1996年4月、中国主導のもとロシア、カザフスタン、キルギス、タジキスタンが「旧ソ連と中国の国境地帯における軍事分野の信頼強化に関する協定」に署名したことからはじまった。当初は参加国が5か国だったことから「上海ファイブ」と呼ばれたが、2001年6月にウズベキスタンが参加したことをきっかけに「上海協力機構」として正式に発足した。

NATOに比べれば加盟国は少ない。しかし、その規模は、面積がユーラシア大陸の5分の3を占め、加盟国の合計人口は世界の約半分に及ぶ。ユーラシア大陸の

アメリカ

NATOと上海協力機構の対峙

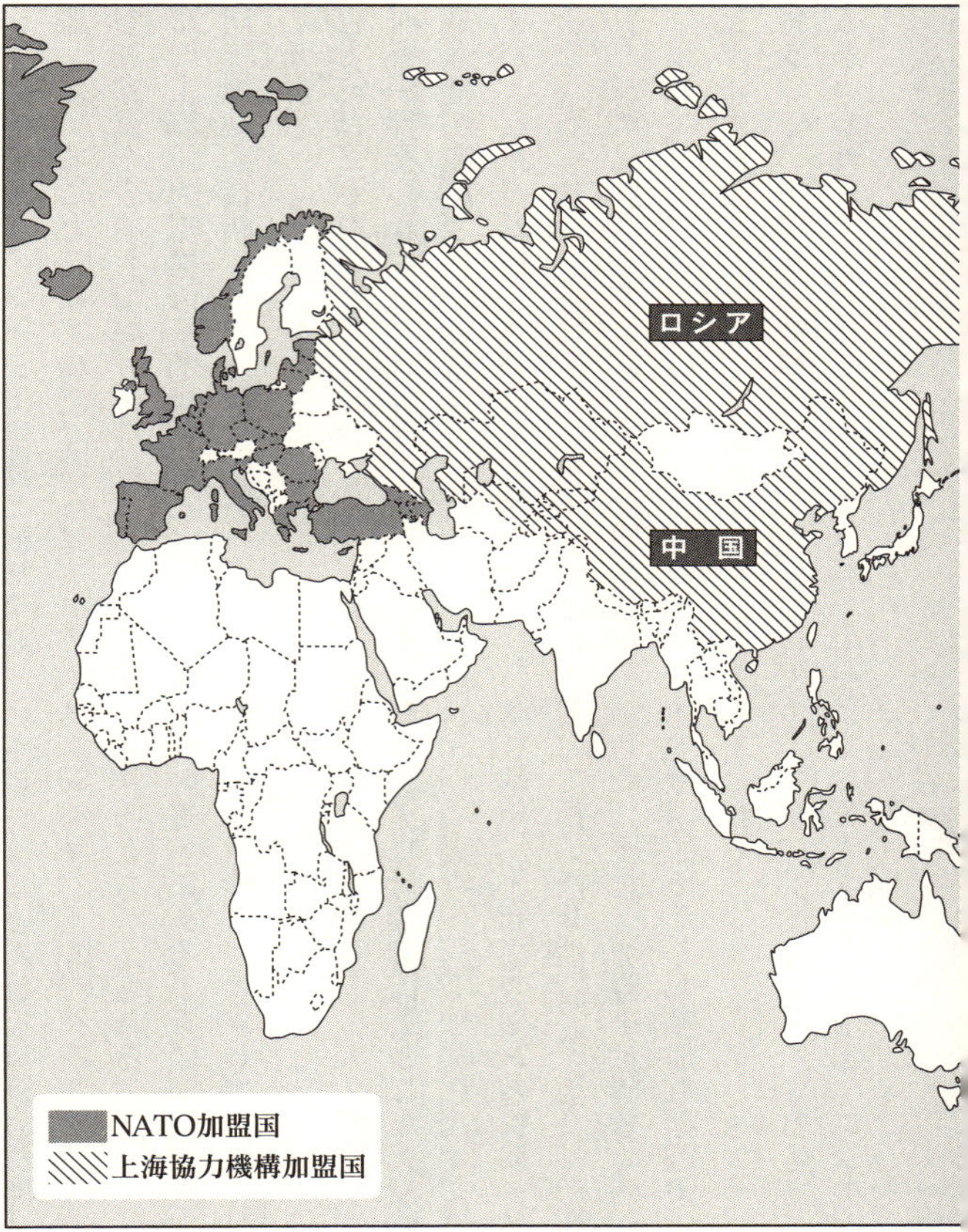

アジア部分では、インドシナ半島と朝鮮半島、日本以外はほとんど上海協力機構に加盟していることになるのだ。さらにアフガニスタンやネパール、ベラルーシなども参加希望を表明しており、今後さらに規模が拡大するとも考えられる。

この上海協力機構の目的は何かというと、発足時の署名にあるように国境の画定と国境地域の信頼醸成《じょうせい》である。だが、近年は軍事同盟の色合いを少しずつ濃くしている。

たとえば2007年7月には、中国とロシアで全加盟国が参加しての大規模な軍事演習が行なわれるなど、設立以来、合計4回もの反テロ対策を口実とした大規模軍事演習が実施されている。

また、反米組織としての動きも見られる。2005年、カザフスタンの首都アスタナで行なわれた会議にイランをオブザーバーとして招いたり、同時多発テロ以後、中央アジアに駐留している米軍に早期撤収を要求した。また、加盟を希望しているアフガニスタンに対しては、カルザイ政権が米国の傀儡的《かいらいてき》だとして参加を拒否するなど、非米地域組織としての姿勢がありありと見てとれる。

ロシアは、上海協力機構をNATOに対抗できるアジア共同体にしたいと考えているといわれる。アメリカ・ヨーロッパを中心とするNATOと、中国・ロシアが中心の上海協力機構。両者の対立は、かつての冷戦時代をふたたび招いてしまうのだろうか。

NATOとは異なるEU独自の新しい軍事同盟「EU軍」

東西冷戦後、ヨーロッパ諸国はアメリカとのNATOを軍事体制の柱にしてきた。だが、NATOとは異なるヨーロッパ独自の軍事同盟もある。あまり知られていないが、ヨーロッパには「EU軍」というべき部隊が存在しているのだ。

じつはEUは、EU軍の創設を早くから模索《もさく》しており、1992年にはマーストリヒト条約に欧州共通外交安全保障政策（CFSP）の創設が規定されていた。しかし、EU内で西欧派（ドイツ・フランス）と親NATO派（イギリス・オランダ）が対立したこともあり、なかなか実現しなかった。

転機となったのは、1990年代半ばからのボスニア紛争やコソボ紛争だった。この紛争では、NATOだけでなくヨーロッパ全体が共同で効果的に動くことができず、多数の犠牲者を出してしまった。そこでイギリスのブレア首相（当時）は、1998年12月にCFSPの発展と共通防衛政策におけるEUの自立的軍事行動を唱えた。それをきっかけに、EU軍の創設が具体的政策として動きはじめたのだ。

1999年には、欧州安全保障防衛政策（ESDP）に関する規定が明記され、2004年12月、ついにNATOとは異なる新しい軍事同盟「欧州連合部隊」（EU軍のこと）が展開されることになったのである。

2009年3月27日には、ソマリア北東部プントランドの沖合約13キロメートルの地点で、ドイツ海軍の給油艦「スペサート」が海賊に襲撃されるという事件が起きたが、ドイツ海軍はオランダ海軍、スペイン海軍、ギリシャ海軍などとともに海賊を拘束した。これはEU海軍主体の初の軍事共同作戦であり、その活躍ぶりは世界的な注目を集めた。

現時点では、まだ未熟な部分も多いが、EUによる独自の軍隊の創設は、将来に備えたヨーロッパ結束への基礎固めのひとつといえる。大規模な武力衝突が起きたとき、どのような動きを見せるかが注目される。

EUをモデルに設立されたAU(アフリカ連合)の実力

近年、アフリカは豊富な天然資源を背景に飛躍的な発展を遂げている。しかし、アフリカは依然として紛争や内戦の多発地帯であり、膨大な難民を抱えている。1991年からのソマリア内戦、1998年からのエチオピア・エルトリア紛争、2002年からのジンバブエ内戦、2003年からのスーダン・ダルフール紛争、そして2011年のリビア内戦など、民族対立や宗教対立、政治闘争などがいくつも存在する。

そうした状況を打破しようと設立されたのがAU（アフリカ連合）だ。

AUは2002年7月、EU（ヨーロッパ連合）をモデルにして設立された。53の国と地域が加盟する加盟国数世界最大の地域機構で、将来的にはアフリカ諸国の経済・政治の統一までを視野に入れている。

特筆すべきは、AUが軍事力をもっていることだ。AUの前身のOAU（アフリカ統一機構）は、軍事力を行使することができなかった。そのため内戦や紛争には調停や監視団派遣といったかたちでしか介入できず、1994年のルワンダの大虐殺では何の成果も上げられなかった。

しかし、AUはOAUと違って軍事力を抑止力としている。AUでは「アフリカ人自身が軍事力を行使してでもアフリカ大陸の問題を解決し、他大陸からの介入を避ける」ということを謳《うた》っており、軍事力の介入を行なうことが認められているのである。

２００４年、ＡＵは監視団保護の軍隊をはじめてスーダン西部のダルフール紛争に派遣した。２０１０年にはＡＵ内の平和・安全保障理事会から権限を委託される連合軍（待機軍）の代表に、ギニアのコナテ大将が指名された。

ＡＵが創設されたことで、アフリカ諸国には自分たちのことは自分たちで解決するという体制が整ったことになる。アフリカへの支援疲れが蔓延《まんえん》していた先進諸国も、アフリカの自助努力の表れとして、ＡＵを高く評価している。

しかし、ＡＵにはあまり多くを期待できないという声も上がっている。加盟国の大半が貧困国であるために、活動資金が不足しがちだからだ。じっさい、２００４年のダルフール紛争では軍隊を派遣したものの、空輸などはＮＡＴＯの支援に頼らざるを得なかった。また、人員・装備不足から、けっきょくは虐殺を止めることができなかった。

さらに２０１１年のリビア内戦では、リビアがＡＵの最大資金拠出国だったことから、軍事介入はままならなかった。ＡＵがアフリカ社会を安定させる組織となるには、まだまだ課題が多いようだ。

4

尖閣諸島、北方四島…わが国の防衛力はどうなっている?

日本国民と領土を守る自衛隊のパワーと戦略

平和憲法をもつ日本の実態は、世界第7位の軍事大国?!

日本は憲法で「軍隊をもたない」と謳《うた》いながらも、事実上の軍隊といえる自衛隊をもっている。専守防衛の組織というその性格上、その戦力は他の先進諸国よりも劣っていると考える人も多いかもしれないが、じつは世界でも有数の実力を誇る。

そもそも日本の防衛費は、年間469億ドルに達する。これはアメリカ、中国、イギリス、フランス、ロシア、ドイツに次ぐ世界7位の額で、朝鮮半島有事に備える韓国でさえ242億ドルだから、いかに大きな額か理解できるだろう。

兵力は陸上自衛隊13万8000人、海上自衛隊4万2000人、航空自衛隊3万4000人、ほかに統合幕僚監部などをくわえると、合計23万人になる。これはイギリス、フランスといったヨーロッパの主要国を上回り、ドイツとほぼ同じ規模である。

そして装備も堂々たるものだ。

陸上自衛隊は、高速走行しながら目標を正確に狙うことのできる世界トップクラスの90式戦車のほか、90式よりも小型化・軽量化がすすんだ10式を2011年秋か

10式戦車／最高速度70キロ。120ミリ砲装備。小型・軽量で輸送に便利なうえ、高度な情報共有・指揮統制能力をもつ

ひゅうが型護衛艦／速力30ノット、ヘリコプター最大11機搭載。外見は空母だが、対空対潜能力と戦闘指揮能力をもつ

ら配備する予定になっている。ハイテク電子機器を満載した10式は「21世紀型最強ＩＴ戦車」といわれ、これに匹敵する第４世代の戦車は存在しない。

陸上自衛隊はこれらの戦車を用いて、敵を本土で迎え撃つ。いわば日本の「ゴールキーパー」のような役割を担っている。

海上自衛隊の自慢の兵器はイージス艦だ。現在、海上自衛隊が保有するイージス艦は６隻。そのうち２隻の「あたご」型は世界最大級の最新鋭イージス艦で、高性能イージスシステムを搭載している。これは、同時に複数の目標を捕捉して迎撃《げいげき》する、高度な防空能力をもっている。

海上自衛隊最大の護衛艦「ひゅうが」型は自衛隊の立場上、護衛艦として存在しているが、１９５メートルもの全通飛行甲板を有するその威容は「空母」と呼ぶにふさわしい。さらに２０１４年には、排出量１万９５００トンの「22ＤＤＨ」という空母型護衛艦が完成予定で、多目的空母の役割を果たすことが期待されている。

潜水艦は原子力潜水艦をもたず、ディーゼル動力艦しか運用していない。しかし、主力の潜水艦「おおしお」型は索敵《さくてき》能力、水中でのステルス性能、航続力、潜行深度、情報処理能力など、どれをとっても他国の通常潜水艦を上回っている。２００９年に登場した最新鋭潜水艦「そうりゅう」型に至っては、世界最大級の通常型潜水艦と評価されている。スターリング機関という最新鋭の動力機関を搭載したことにより、従来のディーゼルエンジンのように外部から空気を取り入れる必要がなくなり、潜行時間を大幅に伸ばした。

さらに、海上自衛隊はＳＢＵ（特別警備隊）と称される特殊部隊を有している。これは、広島県の江田島《えたじま》を拠点につくられた海自初の特殊部隊で、海の特殊部隊らしい高度の潜水能力や身体機能はもちろんのこと、他国の船舶でも勤務できるようにと語学能力まで備えたエリート集団だ。アメリカ海軍最強といわれるシールズの別働隊「ファスト」としばしば合同訓練を行なっているが、ＳＢＵはファストと同等のレベルを維持しているといわれている。

航空自衛隊は、戦闘機の保有数こそ３６０機と、ほかの先進諸国と比べ、とくに多くないが、その能力はひじょうに高い。F-15戦闘機を２００機も保有しているのはアメリカ以外では日本だけだし、電子戦能力や空中格闘戦能力、夜間戦闘能力など、総合的な戦闘能力の進化も目覚ましい。

このように日本の軍隊、自衛隊は陸海空すべてにおいて充実している。外国から見れば、まさに軍事大国というべき装備だ。

今後の東アジア情勢によってはさらなる軍備増強が行なわれる可能性もあり、日本の防衛力は世界の注目の的となっている。

尖閣諸島問題で対立する中国と、もし戦闘になったら…？

2010年9月、尖閣《せんかく》諸島沖で海上保安庁の巡視船と中国の漁船が衝突し、その後の対応をめぐって日中関係が悪化するという事件が起きた。日本と中国は尖閣諸島の領有権問題で長くもめているが、最近は中国が海洋進出を積極化させていることもあって、いっそう緊張の度が高まっている。

では万が一、中国海軍と日本の海上自衛隊のあいだで武力衝突が生じるとすれば、どのような展開になるのだろうか。

拓殖大学国際開発研究所の高永喆《コーヨンチョル》客員研究員は「夕刊フジ」紙上で、海上自衛隊にとって中国海軍は大きな脅威にはならないと分析している。中国海軍は最新鋭の艦艇を次々と就役させているが、駆逐艦の大半は旧式で、イージス艦など最新鋭の護衛艦を有する海上自衛隊と直接対決した場合、明らかに日本に分があるというのだ。

軍事ジャーナリストの井上和彦氏も『SAPIO』（小学館）において、日本は世界最大の通常型潜水艦「そうりゅう」を備えており、現時点の中国海軍の対潜能力では海上自衛隊に対抗することはできないだろうと日本の優位を予想。さらに井上氏は、海上自衛隊は世界最高性能を誇る「P3C哨戒機」を90機も保有しているうえ、現在はより高性能の電子機器を搭載したP1哨戒機の配備も始まっているから、中国海軍を圧倒するのではないかとも述べている。

つまり、日本の自衛隊は中国海軍と直接対決するような事態になっても、戦局を優位に展開できる可能性が高いということである。

しかし、けっして楽観はできないという意見もある。

海上自衛隊と中国海軍との力関係だけを比べて日本に分があったとしても、中国空軍の能力や弾道ミサイル、宇宙を利用した軍事力をトータルで考えた場合、日本の自衛隊単独で対抗するのはむずかしいと、元陸上自衛隊・西部方面総監部幕僚長の福山隆氏は「夕刊フジ」紙上で分析しているのだ。

じっさい、防衛省による2011年1月の報告でも、近年の中国空軍の能力は急速に進歩しており、2015年には自衛隊どころか、在日・在韓米軍事力をも上回ると予想している。

こうした状況を考えると、日本が中国軍に対抗するには、自衛隊だけでなく在日米軍の力を借りなければならない、というのが福山氏の意見である。

はたして日本は、中国とのあいだに万一の事態が起きたとき、国土を防衛できるのだろうか。

北朝鮮からの弾道ミサイルに対する日本の対策は？

日本にとって現実的な軍事的脅威のひとつに、北朝鮮からのミサイル攻撃が挙げられる。

北朝鮮は１９９３年に弾道ミサイル「ノドン」を日本海にむけて発射したのをはじめ（日本本土を越えて、太平洋に落下したとの説もある）、１９９８年、２００６年、２００９年と大規模なミサイル実験をくり返し、そのたびに日本国民を不安に陥れてきた。

日本はノドンの射程距離内にあるとされているので、もしノドンに核弾頭が装備されたら……という不安もぬぐえない。あくまで実験とはいえ、切り離しに失敗したり、途中で失速したりすれば、日本の本土や領海に落ちる可能性は十分にある。

北朝鮮の弾道ミサイル「ノドン」は、弾頭の重さが推定９００キロ、ＴＮＴ火薬

日本の弾道ミサイル防衛（BMD）システム

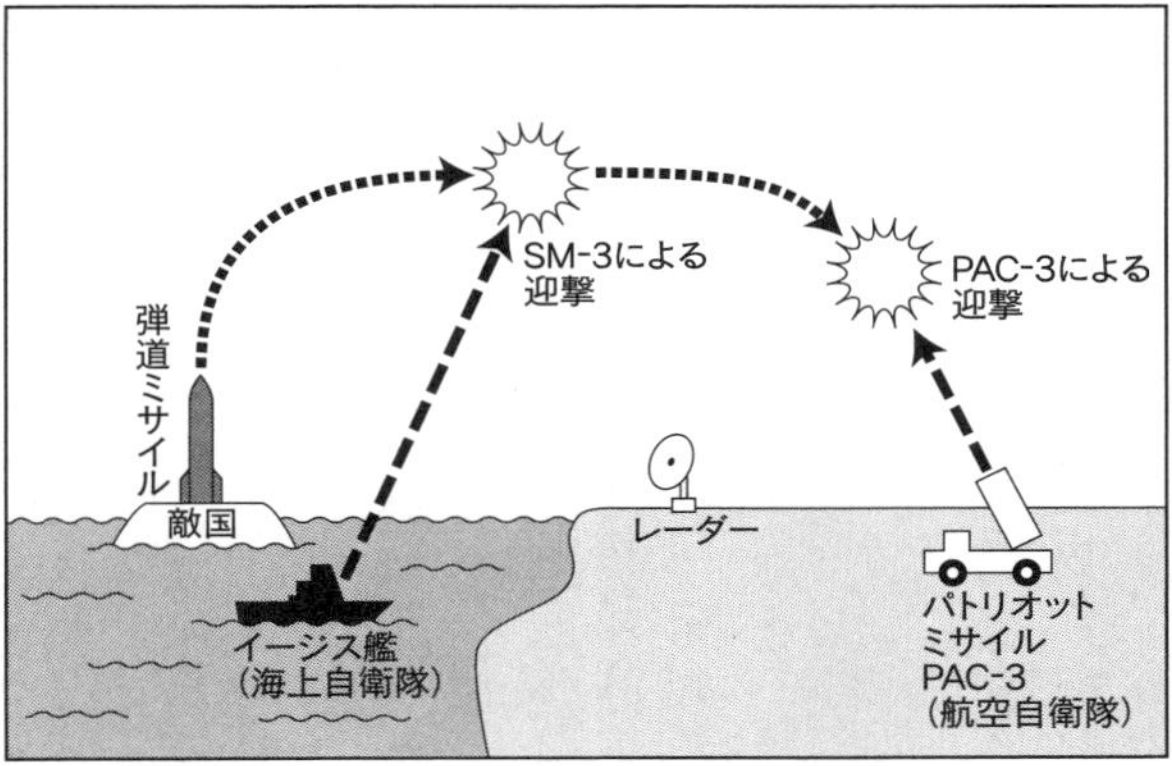

の量は５００〜７００キロと推定されている。これがじっさいに地上に落下した場合、半径３００メートルの範囲に破片効果がおよび、爆心が住宅密集地ならば数十軒の家屋が吹っ飛んだり、ビルが大きな損傷を受けると考えられている。

では、日本はこの北朝鮮のミサイル攻撃にどのように対応するつもりなのだろうか。対処する術をもっているのだろうか。

日本政府は北朝鮮の弾道ミサイルに対抗する手段として、「弾道ミサイル防衛」（ＢＭＤ）システムを考えている。

ＢＭＤシステムは、まず海上自衛隊のイージス艦が日本海から海上配備型迎撃ミサイル（ＳＭ－３）を発射し、北朝鮮から発射された弾道ミサイルの撃墜を試みる。これが外れてしまった場合は、地上からの地対空誘導弾パトリオットミサイル（PAC−3）によって迎撃する。この2層防御のシステムである。

日本がBMDシステムの導入に踏み切ったのは、1998年8月に北朝鮮が日本の上空にテポドン1号を飛ばしたのがきっかけだった。危機感を抱いた政府は2003年12月の安全保障会議と閣議において、導入を決定。

2004年からシステム整備が開始され、07年にはSM−3の発射試験を行ない、大気圏外で標的に命中することに成功した。さらに08年にはPAC−3の発射実験で弾道ミサイル模擬《もぎ》標的の迎撃にも成功している。

つまり、迎撃システムは整っていることになる。「相手がピストルを撃って、その弾丸をめがけて、こっちもピストルを撃って、当たるわけがない」と、BMDを批判する人もいるが、いまのところは自衛隊のスキルを信じるよりほかにないというのが現状だ。

いっぽう、全国瞬時警報システム（Jアラート）の導入もすすめられている。これは、日本がミサイルやテロ攻撃を受けたさい、その情報を瞬時に国民に伝えるシステム。国が人工衛星を経由して各自治体に伝え、自治体が防災行政無線などで瞬時に警報や音声放送を流すというものである。「ミサイル発射情報。当地域に着弾する可能性があります」といった具合に、町の防災無線から危険を知らせるアナウンスが流れてくるのだ。

しかし、これにかんしても十分とは言い切れない。国としては24時間態勢で無線が自動的に立ち上がる体制づくりをめざしているが、現状は自治体によって性能にバラつきがあり、無線が古くて技術的に自動起動できなかったりするところもある。有事のときに、設備が古くてまったく機能しなかった、などという不手際が起こらないように、着実な整備をお願いしたいものである。

ロシアがもくろむ北方領土の軍事拠点化の脅威

尖閣諸島での中国軍とのにらみ合い、北朝鮮からのミサイル発射など、日本は隣国との軍事的トラブルをいくつも抱えている。そのなかで、ここ最近深刻化しているのがロシアとの北方領土問題だ。

ロシア（当時はソ連）は第二次世界大戦末期の1945年8月9日、日本と中立条約を結んでいたにもかかわらず対日参戦し、日本がポツダム宣言を受諾《じゅだく》した後、北海道根室半島沖に浮かぶ歯舞《はぼまい》、色丹《しこたん》、国後《くなしり》、択捉《えとろふ》の4島を占領、当時4島に住んでいた日本人を強制退去させた。

これに対し、日本は不法占拠だと訴え、再三にわたって4島の領有権を主張し、返還を要求してきた。ロシアは1956年の日ソ共同宣言で歯舞・色丹の2島返還を打ち出したが、日本はあくまで4島全部の返還を求めてロシアの提案を受け入れず、4島では今日もロシアによる実行支配がつづいている。

ソ連崩壊直後、経済的に疲弊《ひへい》していた時期のロシアは、日本の援助と引き換えに2島返還に応じてもよいという姿勢を見せていた。ところが、21世紀に入って資源マネーで復興を遂げるとふたたび強硬姿勢をとるようになり、北方領土の返還は遠のいてしまった。しかも最近は、北方領土を極東地域の軍事拠点にしようと計画しているといわれる。

ロシアは2010年7月に、択捉島で1500人もの兵力を投入した軍事演習を実施。同年11月には、旧ソ連・ロシア首脳として初めてメドベージェフ大統領が国後島を訪れ、「この地域は軍事的に重要な施設がある」と述べ、国後・択捉両島の軍備を増強する意向を表明している。

この言葉を裏付けるように、2011年2月には、最大でヘリコプター16機、兵員900人も輸送することができるミストラル級強襲揚陸艦《きょうしゅうようりくかん》を太平洋艦隊（司令

ロシアの軍事拠点化がすすむ北方領土

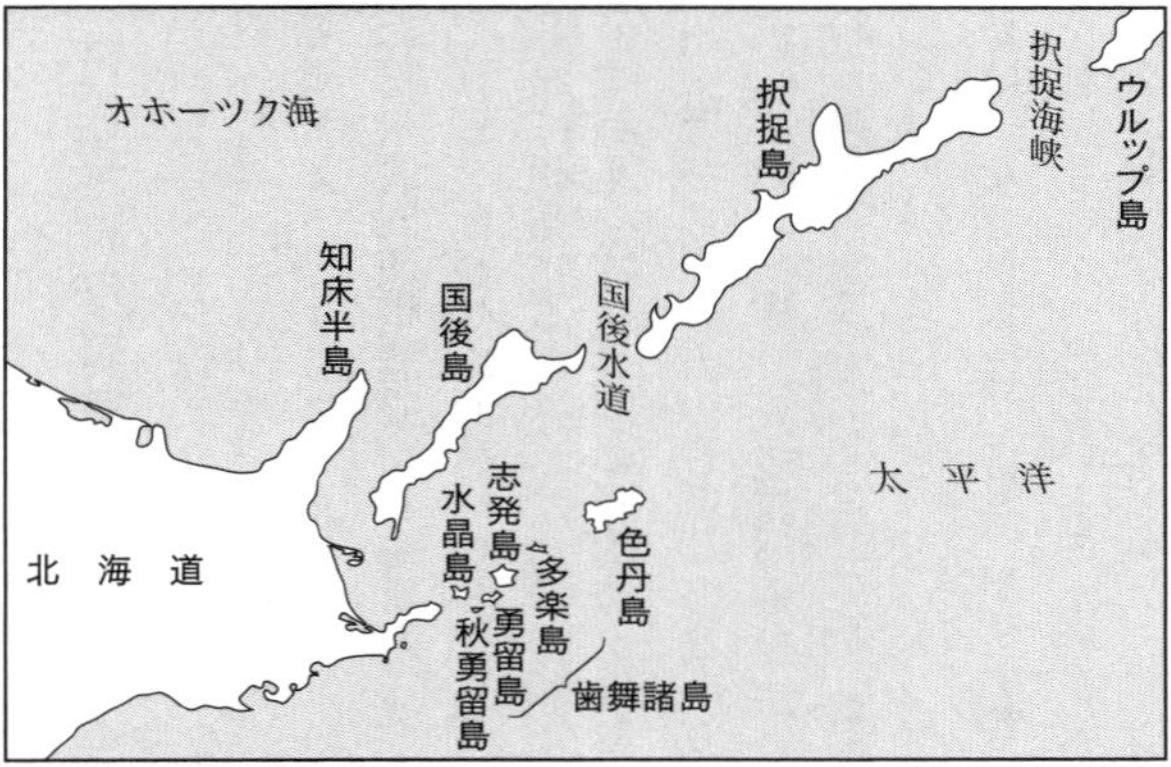

部ウラジオストク）に配備するとの発表がなされた。

つづいて3月には、北方領土と千島《ちしま》列島からなるクリル諸島の沿岸に、超音速の対艦巡航ミサイル「ヤホント」を装備した移動式のミサイルシステムを配備した。

また、対空ミサイルシステム「トールM2」や、新型の攻撃用ヘリを配備する計画なども明らかになった。このように、ロシアは北方領土の軍事拠点化を着々とすすめているのである。

今後、日本がさらに強硬に北方領土の返還を求めた場合、日ロ関係が悪化することは必至だ。国境付近でイザコザが起きる可能性もある。そのさい、日本の自衛隊はどのように対応するのだろうか。

在日米軍が駐留し続けることのメリットとは？

日本には、アメリカ軍の基地や関連施設が多数置かれている。その数は全部で85か所におよび、さらにアメリカ軍が使うことのできる自衛隊駐屯地《ちゆうとんち》や演習場といった日米共同使用施設が49か所ある。

それらを合わせた面積は約３１０平方キロ。これは日本の国土面積のじつに０・０８％に相当する。

在日米軍の兵力は、陸軍２４６０人、海兵隊１万３７３６人、海軍３７８９人、空軍１万２８１８人の合計３万２８０３人。洋上の第七艦隊にも１万８５８人の兵力があるので、４万人規模の軍隊が日本に置かれていることになる（２００８年９月30日現在）。この膨大な兵力を、東京・横田基地の在日米軍司令部がコントロールしている。

では、なぜ日本は、「思いやり予算」といわれる資金を提供してまで、アメリカ軍を駐留させつづけているのか。日本にアメリカ軍が駐留していることによるメリットはいったい何なのだろうか。

そもそも日本にアメリカ軍が駐留しているのは、日米安保条約で日本がアメリカ軍の駐留を認めているからである。そのかわりアメリカ軍は、日本が他国から武力攻撃を受けた場合に、日本を守る義務を負っているのである。

いざ有事となれば、彼らは力強い味方となってくれる。アメリカ軍の存在が、日本へ侵攻しようとする国に対する抑止力にもなっている。こうして考えると、日本にとって在日米軍のメリットは大きい。

アメリカにとっても、日本駐留は大きなメリットがある。アメリカは日本の基地を太平洋アジア地域における戦略拠点と見なしており、在日米軍をハワイから喜望《きぼう》峰《ほう》まで、つまり地球の半分の範囲に展開させているのだ。もし日本の基地がなくなると、これほど広範囲に軍を展開することはむずかしくなる。

また現在、アメリカ軍は「リーチバック」という体制の構築をすすめている。これは、司令部が遠隔地《えんかくち》から指揮をとり、広い地域に展開している多くの軍隊をまとめて運用しようというシステムである。具体的には、グアム島に司令部を置き、沖縄と日本本土、朝鮮半島のアメリカ軍部隊をグアムから指揮する。

この体制下では、沖縄は三角形の頂点のひとつで、アメリカ軍にとっては外すことのできない重要拠点なのだ。アメリカ軍が戦後65年以上経ったいまも沖縄から出ていこうとしない大きな理由はここにある。

もうひとつ、アメリカ軍は装備を維持するうえで日本が欠かせない。先端技術を駆使した数々の兵器を運用、維持するには、アメリカとほぼ同じレベルの工業力や技術力、資本力を兼ね備えている必要がある。日本はそれらの条件を満たす数少ない国なのである。

自力では国を守ることが困難な日本の事情と、日本を戦略基地として利用しているアメリカ。沖縄の基地問題など、多くの問題が存在しながらも安保条約を継続しているのは、両者にそれぞれ大きなメリットが存在しているからなのだ。

現実の脅威に対応しようとする「新防衛大綱」の内容とは？

一国の軍事力を充実させるには、防衛力のあり方や具体的な整備目標などについて、基本方針を明確にしておく必要がある。日本の場合、それを「防衛大綱《たいこう》」にまとめているのだが、２０１０年12月に発表された２０１１年から5年間の「新防衛大綱」は、従来とは大きく変化した。

これまでの日本は「基盤的防衛力構想」を採用していた。これは、日本が独立国として必要最低限の戦力をもち、周辺地域の不安定要因とならないようにするという考え方にもとづくもので、そのために全国に自衛隊の部隊を均等に配置してきた。

しかし近年、中国の海洋進出や北朝鮮の核・ミサイル問題など東アジア情勢は激変している。さらにはテロへの警戒も必要とされている。従来どおり均等に配備していたのでは、いざというときの対応が間に合わない恐れがある。

そこで日本政府は、機動性や即応性を重視し、かならずしも均等配置にはこだわらないという構想を打ち出した。

結果、「新防衛大綱」での部隊配置は、中国の海洋進出を念頭においたものとなっており、とくに南西諸島の防衛体制強化に力を入れている。具体的には、航空自衛隊那覇《なは》基地のF-15戦闘機を1・5倍に増やし、海上自衛隊は南西地域の警戒監視にむけて潜水艦やヘリコプター搭載護衛艦を整備、陸上自衛隊は与那国《よなぐに》や宮古《みやこ》、石垣島などに舞台を配備する。

装備は、潜水艦を16隻から22隻へ増やし、次期戦闘機（F-X）や、弾道ミサイルに対する迎撃ミサイル搭載のイージス護衛艦の増強も実施する。そのいっぽう、陸上自衛隊の定員を1000人減らし、戦車は約600両から390両に、火器も大幅に削減するなど、戦力配置の見直しが徹底された。

自衛隊は、いままで存在することで抑止力たろうとしたが、眼前の有事を想定した自衛隊へと変貌《へんぼう》を遂げつつある。実戦に即した配備で、中国や北朝鮮に対し、抑止力としてはたらく存在となれるのだろうか。

将来、日本が核武装する可能性は?

世界で唯一の被爆国である日本は、これまで世界の先頭に立って核兵器廃絶を訴えてきた。しかし、近隣の中国が凄まじい勢いで軍拡を行ない、北朝鮮が核開発やミサイル実験をすすめている現状を考えると、日本も自衛のために核武装すべきではないかという意見が一部で台頭してきている。

「産経新聞」が２０１０年12月に実施した日本の核武装についてのアンケートによれば、「日本は核武装すべきか?」という問いに対して85%の人がイエスと答え、「公の場で議論だけでも行なうべきか?」の問いには、なんと96%の人がイエスと答えている。極端な数字と見る人もいるだろうが、核武装したほうがよいと考えている人は意外と多いようである。

では、日本が核武装することは現実的に可能なのか。

日本が核武装するための条件としては、技術力、政治的な意思、国際関係、費用などが挙げられる。

日本がこれらの条件を満たしているかどうか、軍事アナリストの小川和久氏の著書『14歳からのリアル防衛論』（PHP研究所）をもとに見てみよう。

まず技術力については、現在の日本の技術ではむずかしいといわれている。日本はこれまでに核兵器や弾道ミサイルの開発を一度も行なったことがない。そのため、仮に資金と人員を無条件に投入できたとしても、核武装に至るには最低3年かかるというのである。

つぎに政治的な意思だが、国内的には戦力不保持などを謳った憲法と、原子力の研究・開発および利用を平和目的にかぎるとする「原子力基本法」を改正しなければならない。現行法でも核保有は可能との解釈もあるが、スムーズに手続きがすすむとは考えにくい。

国際関係では、アメリカから反対されることは必至だ。日本が核保有国になると、中国や北朝鮮、韓国などが核兵器を増強したり、新たに開発したりして、周辺諸国との果てしない核開発競争がすすむ懸念があるからである。

また、「NPT（核拡散防止条約）」から脱退する必要がある。日本は「非核兵器国」

を選択してNPTに加盟しており、海外から供給された核物質は、平和目的以外に利用することはできないと定められている。したがって、日本が核武装するには、経済制裁を覚悟して一方的にNPTから脱退しなければならない。

費用面での負担も大きい。核武装を支持する政治家のなかには、「核兵器をもてば通常兵器は不要になるから、安上がりで効果的だ」という意見を唱えている人もいるが、たとえ核兵器を保有していたとしても、抑止力として働かせるには、それを守るハイレベルな自衛隊の兵力が不可欠。けっきょく、防衛費を安くあげるどころか、さらに膨大な資金が必要になる。

このように、日本が核武装するまでにはクリアしなければならないハードルがたくさん存在する。したがって、核保有はきわめて困難な選択肢だといえるだろう。もし日本がどうしても核兵器を必要とするならば、有事のさいにアメリカから核兵器を提供してもらう「核兵器シェアリング」（NATO諸国で実施）を利用することが現実的という意見もある。

どちらにせよ、核兵器で武装すれば、アジアの軍事バランスに大きな変化が生じ、大きな緊張をもたらすことはまちがいない。

日本の「モノづくり技術」が海外で兵器に転用されている⁈

第1章で見たように、世界では兵器の売買がさかんに行なわれている。軍事大国のアメリカやロシアはとくに優れた技術開発力をもち、自国で生産した兵器を世界各国に輸出し、外貨を稼いでいる。

いっぽう、日本は1967年に佐藤栄作内閣が表明した「武器輸出3原則」により、兵器の輸出が禁じられている。

当初、この政策は「①共産圏諸国、②国連決議が武器輸出を禁止した国、③紛争当事国またはそのおそれのある国」への兵器輸出を認めないというものだった。兵器を輸出する場合は当時の通商産業大臣の許可が必要で、可否はこの3原則にもとづいて判断された。

しかし、1976年、三木武夫首相は事実上すべての国への輸出を禁じ、「武器」の定義を定めて現在に至っている。

この政策を遵守《じゅんしゅ》している日本は、他国と共同で兵器を開発したり、技術移転したりといったことも認められていない。つまり、世界の他の国で利用されている武器には、日本製品は部品ひとつにしても利用されていないことになる。

しかし、日本は世界でも有数の武器輸出国だとの指摘もされている。これはいったいどういうことだろうか。

韓国人軍事アナリストの金慶敏《キムキヨンミン》氏の著書『蘇る軍事大国ニッポン』によると、湾岸戦争で威力を発揮したアメリカのトマホーク・ミサイルに、セラミックでパッケージされた日本製の半導体チップが使われていた。また、アメリカの戦闘機や軍艦で使われている電子機器用半導体セラミック・パッケージの95％が日本企業から輸出されたものだという。

ほかにも、日本企業が開発したベータ・チタン合金が最新鋭戦闘機や潜水艦などの先端兵器に利用されていたり、精密誘導爆弾に日本製小型カメラが用いられていたりするといわれている。さらに、北朝鮮のミサイルに日本製の電化製品や電子部品などが利用されているとの噂も囁《ささや》かれているのだ。

もちろん、日本企業がこっそりと違法に武器を輸出しているわけではない。じつは、日本の企業が民生用として開発した技術や製造などが、兵器製造に転用されているだけのことだ。

本来、兵器製造には民生品を製造するのとは比べ物にならないほどの高い技術が必要で、エアバッグやハイブリッド車の技術のように、元は兵器として開発された技術が、やがて転用されて最高レベルの民生品が誕生してきたケースはいくつもある。それが、逆に民生品が兵器に転用されているというのだから、皮肉にも日本の技術力がいかに高いかを物語っている。

防衛費は高額なのに、欲しい兵器が買えない防衛予算の謎

かつて世界2位の経済大国といわれた日本も、バブル崩壊以後、長い景気停滞がつづき、900兆円もの借金を抱えるようになってしまった。国家予算の縮小は防衛費の削減にもつながっているが、それでも2010年の防衛費は469億ドルで世界7位を誇り、2011年も4兆6625億円という膨大な予算がつぎこまれている。

これほどの予算があれば、最新鋭の兵器を続々と調達できるはずと思うかもしれない。しかし、日本の自衛隊が武器調達に使える金額はじつに少ない。なぜか。その理由は予算の内訳を見れば明らかだ。

まず平成23年度の予算を確認すると、総額の44・9％にあたる2兆916億円が

防衛費の内訳（平成23年度予算）

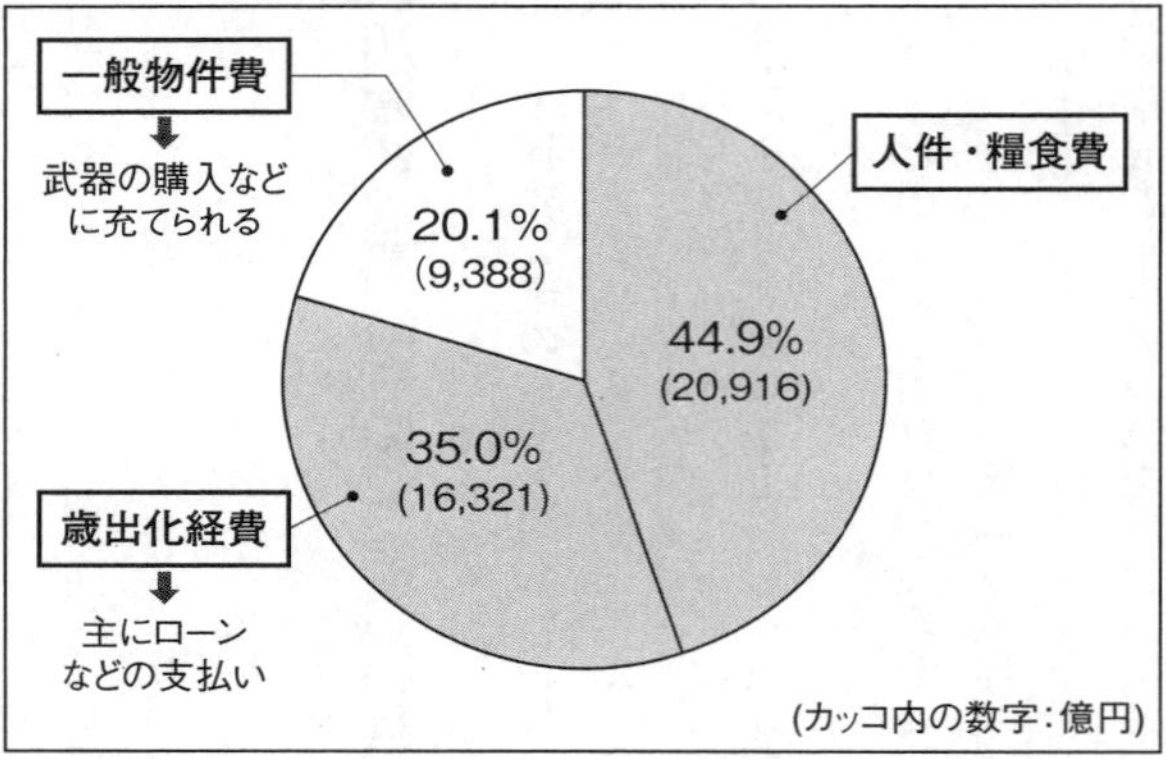

人件費や糧食費に投入されている。つぎに多いのが「歳出化経費」の1兆6321億円（35％）。歳出化経費とは、当該年度以前の装備調達の後払い分、いわゆるローンを意味する。自衛隊は艦船や航空機などの高価な装備を複数年ローンで購入するケースが多く、この支払い分が予算の3分の1ほどを占めている。

つまり、人件費や食糧費、さらにローンなどの歳出化経費で年間予算の8割を占めているため、新しい兵器を調達しようとしても、そう簡単にはいかないのだ。

もちろん、ローンを組めば新しい兵器を購入することもできるだろう。しかし、自衛隊は諸外国の購入価格の3～5倍もの金額を支払っているという声があるほど政府は〝買いもの下手〟だという。これが事実なら予算がいくらあっても足りるわけがない。

しかも、なぜか調達するペースが遅い。なんと兵器調達が完了するまでに20年かかることもあるという。他国はたいてい6〜7年ほどで終了するというから、日本は3倍以上もの年月をかけていることになる。

兵器購入には国民の大事な税金が使われている。どうせ買うのであれば、もっと効率よく行なってもらいたいものである。

自衛隊の特殊部隊「特殊作戦群」の実力は？

軍事大国と呼ばれるような国の軍隊は、特殊部隊をもっているものだ。アメリカにはシールズやデルタフォースが、ロシアにはスペツナズが、フランスにはＧＩＧＮが、そして中国には特殊大隊がある。では、日本の自衛隊に特殊部隊は存在するのか。

151ページで海上自衛隊の特殊部隊であるＳＢＵについてふれたが、じつはこれ以外にも特殊部隊が存在する。２００４年３月に設立された陸上自衛隊の「特殊作戦群」だ。

特殊作戦群は、陸自最精強の第1空挺団の隊員を中心に編成された超エリートばかりの本格的な対テロ・ゲリラ専門の特殊部隊。世界一の特殊作戦能力を有するといわれている米陸軍特殊部隊「デルタフォース」を手本にしており、その能力の高さは半端ではない。

任務の性格上、部隊編成や装備などの詳細は明らかになっていないが、隊員数は約300人、そのうちの戦闘要員は200人と推定される。携行する銃は陸上自衛隊の他部隊が89式小銃なのに対し、特殊作戦群は米軍と同じM4カービンを所持。この銃にはM203グレネードランチャーが取り付け可能となっている。

特殊作戦群の戦闘要員になるには厳しい選抜試験が行なわれ、最終的に戦闘要員となれるのは、志願者全体のわずか10％程度。しかも、レンジャー資格をもつ3等陸曹以上の者しか受験資格がない。じつに狭き門だ。

入隊後は各種語学や市街戦などで必要な近接戦闘、核・生物・化学、狙撃、情報、心理戦などの専門技能のほかに、自由降下や潜水、山岳潜入のいずれかの特殊潜入技能を修得しなければならない。

1996年、韓国の東海岸に北朝鮮の小型潜水艦が座礁《ざしょう》して武装工作員が上陸したさい、わずか21名の工作員の掃討に韓国は6万人の兵士を動員したといわれている。日本でこうした事態が生じたとき、特殊作戦群が出動することが考えられる。隊員の能力の高さは、兵士ひとりで1個中隊（約200人）に相当する戦力をもつといわれているだけに、彼らにかかる期待は大きい。

600両の配備が決まった最新国産戦車の価値とは？

2010年7月、陸上自衛隊の新型主力戦車「10式戦車」が公開された。10式戦車は、味方戦車との情報共有や、高度な指揮統制を実現するC41機能などのハイテク電子機器を搭載した最新鋭の戦車で、これに匹敵する第4世代の戦車は存在しないといわれることは、前にも述べたとおり。まさに、世界最強の戦車のひとつといえる。

防衛省は、2030年までにこの最新鋭の最強戦車を600両配備する予定だという。

しかし、ここで疑問が浮かぶ。島国である日本に、なぜ600両もの最新鋭戦車が必要なのか。

かつて戦車は「陸戦の女王」と呼ばれ、第二次世界大戦時は大いに活躍していた。しかし、いまでは新しい兵器や戦略の発達により、多くの国で「戦車は時代遅れであり、もはや必要ない」という戦車無用論がたびたび起きているのだ。

とはいえ、戦車の存在意義がすべて失われてしまったわけではない。確かに日本は島国である。しかし、島国だからこそ、戦車は敵の上陸作戦の大きな抑止力になるともいわれている。

自衛隊が戦車をもっていれば、敵国も戦車で対抗することになるが、戦車は重いので、揚陸機で運ぶにしても輸送船で運ぶにしても、一度に数多く運ぶことはできない。

また、戦車を運搬できる艦艇はかぎられているので、戦車を上陸作戦に使うとなれば、たいへん大きな負担となる。

さらに、戦闘には「攻守3倍の原則」があり、攻めるほうは守るほうの3倍の兵力が必要だといわれているのだ。ということは、単純計算でいえば、日本に600両の戦車があれば、敵は1800両もの戦車が必要だということになる。

つまり戦車があることで、敵の侵略へのハードルは大きく上がる。戦車は戦争の抑止力になることはまちがいないのである。

日本の軍事力を支える女性自衛官の実態

兵士と聞くと、筋骨隆々の屈強な男性をイメージしがちだが、近年日本の自衛隊では女性の自衛官が急増している。

自衛隊がはじめて女性自衛官を採用したのは1952年（この年、自衛隊の前身の警察予備隊が保安隊に改組）のことである。しかし、このときの入隊は一般から募集した看護職の隊員で、はじめて一般の職場へ女性自衛官が採用されたのは、1967年のことだった。

それから40年以上が過ぎた現在、なんと、自衛隊には約1万1000人もの女性自衛官が存在している。

自衛官の総数は約23万人なので、全体からみればまだまだ自衛隊は男社会といえるだろう。しかし、1993年からすべての職域に女性が進出しはじめ、今日では航空機のパイロットや、救難任務に就く女性、さらには東ティモールのPKO活動に陸上自衛隊の女性がはじめて参加するなど、女性自衛官はさまざまな場所で大活躍しているのだ。

いまや自衛隊で女性が配属されていないのは、戦闘に直接関係するかぎられた部門だけというほどだ。

１９９５年からは、それまで男子だけの募集だった防衛大学校にも女性の入学が認められるようになった。２０１０年度の防衛大学校の一般入試の倍率は、男子が36・4倍だったのに対し、女子の倍率はなんと１２０・２倍。人文社会系の女子倍率に至っては３５３・3倍だったというから、おそらく日本中でもっとも倍率の高い試験のひとつだったに違いない。

これだけの難関をくぐり抜けてくるだけあって、優秀な生徒が多く、入学後の防衛大学の学業成績でも女性が上位を占めている。自衛隊女性志願者の実態を見ても、幹部候補生の倍率は、男性が18倍なのに対し、女性は25・1倍と、これまたひじょうに狭き門となっている。

入隊してからの活躍ぶりも目覚ましく、いまでは約１７００人が幹部自衛官、つまり「将校」だ。

すっかり自衛隊に欠かせない存在となった女性自衛官。このままいけば、やがて女性の司令官が誕生する日がやってくるかもしれない。

米軍基地移転で揺れる日米安保条約の未来は?

ここまで見てきたとおり、日本の自衛隊は、海自と空自については世界最強クラスの実力を有するといわれている。しかしながら、中国や北朝鮮、ロシアなどの脅威に対し、自衛隊の戦力だけで本当に日本を守ることができるのだろうか。

憲法をはじめとした法整備が整っていないため、自衛隊の活動にはさまざまな制約がかかってくる。そこで、もし日本が他国から侵略を受けた場合、アメリカ軍に守ってもらうことを基本スタンスとしてきた。日米安全保障条約による日米同盟である。

ところが、ここにきて日米同盟の先行きに暗雲が立ちこめてきた。

現在、アメリカ軍は再編をすすめており、日本に駐留している第3海兵機動展開部隊の要員とその家族9000人を2014年までにグアムに移転することを決定している。その後、沖縄の在日米軍の6施設が返還される予定になっている。

これは、2009年2月に来日したクリントン国務長官とのあいだで「グアム島移転に関する協定」として締結された内容だったが、2010年夏、アメリカで新たな動きが起きた。

アメリカのゲイツ国防長官が、「膨大な財政赤字を削減するために、軍事費の大幅な切り詰めをする」と発表したのだ。現在、日本で展開しているアメリカ軍の編成では費用がかかりすぎるため、横田基地や沖縄にはアメリカ軍の実践配備を行なわず、グアム島やハワイ、アラスカなどに最新鋭の核兵器を備えるという計画も出ている。

こうなると、日米安保条約の先行きは怪しくなる。日本人は、日米安保条約は半永久的につづくというイメージを抱きがちだし、いざ破棄《はき》するとなれば日米間の話し合いをはじめ複雑な手続きが必要なように感じているかもしれない。

しかしじつは、日米安保条約の第10条には「この条約が10年間効力を存続した後は、いずれの締約国も、他方の締約国に対しこの条約を終了させる意思を通告することができ、その場合、この条約はそのような通告が行なわれた後1年で終了する」と明記されている。つまり、条約上ではどちらか片方が「もう終わり」と相手に通告すれば、なんら問題なく、あっさり1年後には条約は破棄されてしまうのである。

アメリカが日本に対して破棄を通告する日が訪れるのだろうか。そのときがきたら日本はいったいどう対応するのだろう。

5

ロボット兵器、サイバー戦争…軍事の世界で何が起きている?

戦争の形態を変えていく
軍事の新たな潮流

現代戦争にもはや不可欠となった「民間軍事会社」とは?

世界では、民族紛争や宗教対立、資源争奪戦、テロとの戦いなど、多様なかたちの戦争が今日もくりひろげられている。こうした戦場で活動しているのは、当然各国の軍隊に所属する兵士だと考えている人が大半だろう。

しかし現代では、軍隊のような仕事をする「民間軍事会社」が存在し、その会社に雇われた社員が戦場でのさまざまな活動を行なっている。

民間軍事会社が誕生したのは1990年代のことだ。当時、アメリカ軍は予算削減によって兵士を増員することができず、後方支援を民間会社に委託した。これをきっかけに、国内では軍事業務を請け負う民間会社が続々と登場することになった。

その後、2001年9月11日に同時多発テロが起こり、アメリカがアフガニスタンやイラクで対テロ戦争をはじめると、民間軍事会社は飛躍的な発展を遂げる。戦地におけるアメリカ政府の要人や国際団体の職員を警備する仕事などを任され、民間軍事会社の人員が次々と戦場へ派遣された。

イラクには総勢2万人を超える兵が送りこまれ、各国の軍隊や自衛隊が送りこんだ人員と同規模の人数をひとつの民間企業が派遣していたほどである。

では、民間軍事会社の人員は戦場でどのような仕事を請け負うのか。

多くの場合、食糧や武器弾薬の輸送、基地の設営や食糧・水などの供給といった後方支援業務をはじめ、兵器や兵器システムの修理やメンテナンス業務、紛争後の復興・安定化事業における地雷除去や不発弾の処理などを行なっている。

さらに諜報《ちょうほう》、偵察、監視活動にかかわる会社や、心理戦や情報戦を専門としている会社、人質解放サービスをふくむ安全コンサルティングやリスクコンサルティングサービスを提供している会社もある。

著名な民間軍事会社としては「ブラックウォーター」「トリプル・キャノピー」「エグゼクティブ・アウトカムズ」「ケロッグ・ブラウン&ルート」などが挙げられる。

民間会社に雇われた人の多くは、軍のエリート部隊や特殊部隊、情報機関で長く実績を積んだプロフェッショナル。その技術力の高さ、ノウハウの豊富さから、いまやアメリカ軍などは民間軍事会社なしで活動するのは不可能といわれているほどだ。

こうした〝戦争のプロ〟が民間軍事会社に転職する最大の理由はお金だ。アメリカ軍兵士の平均年収は約3万ドルで、日当にすれば約100ドルだが、民間軍事会社の要員の日当は1000ドルから1200ドルにのぼるといわれている。この好条件が魅力となり、除隊した後で仕事がなかったり、生活に困った元兵士たちが、続々と民間軍事会社に流れている。

とはいえ、民間軍事会社の台頭にともなう問題点も少なくない。

当初、民間軍事会社はエリート部隊や特殊部隊出身の人材しか雇っていなかったが、新興企業が次々と誕生したことによって、民間会社の採用条件もしだいに低下している。「元兵士なら誰でもよい」という程度にまでレベルが落ちこみ、モラルの低下が著しいといわれる。

イラク戦争のさいには、民間軍事会社の人員によるイラク市民暴行や、不当な器物損壊などの訴えが相ついだ。彼らには軍の規律が適用されず、戦場でどんな問題を起こしても罰せられることがない。そのため乱暴狼藉《ろうぜき》をはたらく傾向が強いのだ。

アフリカのアンゴラ内戦では、紛争当事者の政府と反政府勢力が、互いに多くの民間軍事会社と契約した結果、大量の最新鋭兵器がもちこまれ、殺戮《さつりく》が横行したという経緯もあった。

これから先、民間軍事会社はさらに増加していくことだろう。しかし、もっとも望ましいのは、戦争や紛争が減少し、こうした会社が消えていくことなのはいうまでもない。

徴兵制より志願制を採用する国が増えている理由

かつては、どの国でも徴兵制によって兵士を集めていた。近代日本では、明治政府によって徴兵がはじめられ、第二次世界大戦が終わるまでつづいた。欧米諸国も徴兵制で必要な兵員を集めていた。ところが近年、徴兵制をやめて、志願制にする国が増えている。

アメリカは第一次・第二次世界大戦とベトナム戦争においては徴兵制によって兵力を整えていたが、現在では完全な志願制へと移行した。イラク戦争も志願兵による戦いだった。

ヨーロッパ諸国も続々と徴兵制を廃止しており、1990年代にすでにフランス、オランダ、ベルギーなどが志願制へ切り替えた。さらに、スウェーデンが2010年7月に徴兵制を廃止し、ドイツも同年10月に徴兵制の撤廃を決定した。

各国が徴兵制を廃止したのは、1990年代に東西冷戦が終結したことが大きな理由のひとつだ。東西両陣営の全面戦争が想定されていた時代には、大量の多大な兵力を用意しておく必要があった。しかし、冷戦が終わったことで大規模な兵力が必要とされなくなったのだ。

兵器のハイテク化も理由として挙げられる。ハイテク兵器を使いこなすには高度の訓練が必要だが、徴兵で強制的に兵士にさせられた者は多くの場合、訓練に自主的に取り組もうとしない。いっぽう、自ら志願して兵士になった者は高い意識をもち、訓練にも積極的に取り組む。つまり現代の軍隊では、量より質が求められ、徴兵制で兵士になった者よりも志願して兵士になった者のほうが活躍するということである。

とはいえ、世界ではまだ約50か国で徴兵制が実施されている。

志願制を採用した場合、職業軍人である彼らにはそれ相応の報酬を支払わなければならない。いっぽう、徴兵制の場合は兵士になることが義務化され、それほど報酬を支払う必要がなくなるから、人件費が抑えられる。そのため、大量の兵士を必要とする国や、財政が厳しい国では、いまも徴兵制を採用する傾向にある。

たとえば、中国やロシアは徴兵制をとっている。両国とも国土面積が広大で国境線が長いため、警備に多数の兵士を要することが理由のひとつとして挙げられる。

イスラエルは女性にも20か月の兵役を課している。期間は男性より短いが、特殊部隊などに配属されることもある。アラブ諸国に囲まれたイスラエルは、つねに戦

争と隣り合わせにあるだけに、女子も貴重な戦力として欠くことができないという
ことなのだろう。

同じく女子にも兵役を課しているマレーシアでは、抽選で選ばれた18歳以上の男女が6か月間、射撃などの軍事訓練や国家への忠誠心育成にむけた教育を受けている。マレーシアは多民族国家だけに、愛国心や団結力を培《つちか》うことを目的として男女共に徴兵対象となっているのだ。徴兵制のあり方には、それぞれの国の事情が大きく影響しているのである。

タイも徴兵制を採用しているが、この国のシステムはかなりユニークだ。なんとタイではクジ引きで兵役を課すか、免除するかを決めているのである。

クジの種類は、「陸」「海」「空」「徴兵免除」の4種類で、毎年18歳に達した男子がクジ引きに挑戦する。過酷な兵役から逃れられる「徴兵免除」の当たりクジを引く確率は5分の1程度といわれ、誰もが必死になる。

運よく免除を引き当てた男子は家族そろって大喜びし、もっとも過酷といわれる「海」を引き当てるとショックで失神する人まで出るという。その様子をひと目見たいと、会場には例年多くの見物客が集まり、テレビでも生中継される国民の一大行事となっている。

核の拡散を助長する「闇のネットワーク」の存在

現在、NPT（核拡散防止条約）という国際条約で、核保有を認められている国は、アメリカ、ロシア、イギリス、フランス、中国の5か国だけである。17ページでも解説したように、190か国が加盟するこの条約では、5か国以外の核保有を禁じている。

ところが、インド、パキスタン、イスラエル、北朝鮮の4か国は、事実上の核保有国と見なされている。さらにイランやシリアでも核開発疑惑が囁《ささや》かれている。本来、拡散してはいけないはずの核が、条約に加盟しなかったり脱退した国などのあいだでは、しだいにひろがっているのだ。

この核拡散の元凶は核の闇市場「カーン・ネットワーク」だといわれている。いったいどのようなネットワークなのか。

カーン・ネットワークを探るうえで、キーパーソンとなるのがカーン博士だ。彼はパキスタンの核製造技術の基礎を構築した人物で、祖国では「核開発の父」と呼ばれている。「核の闇市場」で暗躍し、核拡散を助長させていたのだ。

NPT（核拡散防止条約）をめぐる実態

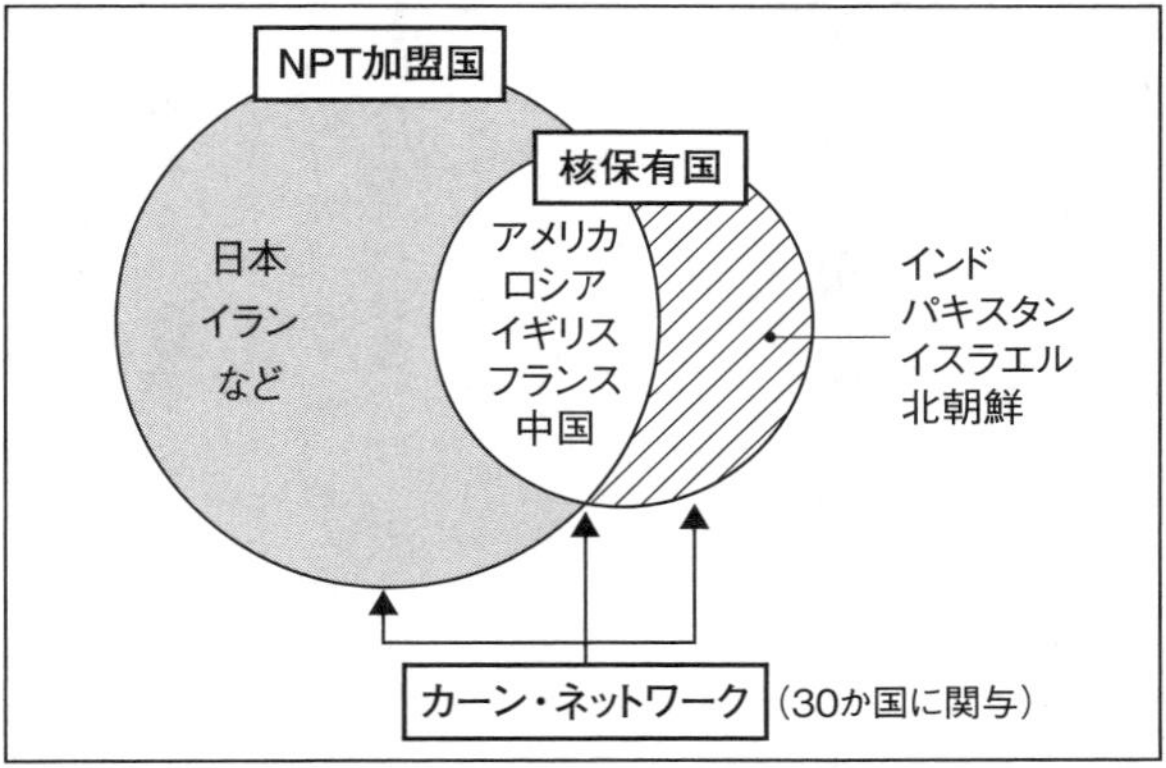

2004年、IAEA（国際原子力機関）当局から追及されたカーン博士の告白によれば、彼の構築した核の闇ネットワークは世界中に張り巡らされており、アメリカやドイツ、スイス、南アフリカ、マレーシアなど世界30か国もの政府や企業・個人などが関与していた。そのネットワークから、イラン、リビア、北朝鮮などに核関連技術や資材が流出したと見られている。

またカーン博士は、北朝鮮に対してウラン濃縮に使われる遠心分離機を輸出。その見返りとして、弾道ミサイル技術を提供してもらったともされている。

また驚くべきことに、この闇ネットワークには日本の企業も関係していた。カーン博士の告白によれば、彼がパキスタンで核開発を行なっていた1977年と84年、二度にわたって日本を訪れ、77年には過去にアメリカやヨーロッパの企業から販売を断られていた「無停電電源装置（UPS）」を日本企業から調達。84年には複数の日本の大企業を訪問して、核開発に必要な部品を入手したという。

これが事実であれば、唯一の被爆国である日本の企業が、核開発に協力していたことになる。その後、カーン博士は政府当局によって摘発され、軟禁状態に置かれたことから、闇ネットワークはしだいに衰退《すいたい》していった。だが依然、ネットワークは機能しつづけているという噂もある。パキスタンにはアルカイダと関連のあるテロネットワークもあることから、核兵器がテロ組織に使用される可能性も懸念《けねん》されている。

オバマ大統領が提唱する「核兵器大幅削減」は成功するか？

核兵器はすべてを瞬時にして焼き尽くし、その後も放射能汚染で人々を恐怖に陥れる最強最悪の兵器である。東西冷戦が終わったいま、もはや核は必要ないという声があれば、軍事戦略上、核は不可欠との声もあり、意見は割れている。

そうしたなか、最近になって、アメリカとロシアは核軍縮へと動き始めた。もともとアメリカのオバマ大統領は大統領選挙期間中から「核のない世界」をめざすと訴えてきた。その公約を実現させるため、2010年4月にロシアのメドベージェフ大統領とのあいだで「STARTⅠ（第1次戦略兵器削減条約）」の後継となる「新START」を締結した。そして2011年1月26日には同条約の批准《ひじゅん》法案がロシアで可決され、「核のない世界」が一気に現実味を増したのである。

全世界の核兵器の95%を保有するアメリカとロシアが核軍縮にむけて動き出したことは高く評価されている。だが、両国が核軍縮をめざしたのは今回が初めてではない。

1969年からすでに核軍縮にむけての交渉が開始され、1972年には「SALTⅠ」と、弾道弾迎撃ミサイルシステム制限条約「ABM制限条約」が結ばれた。その後も1987年に「中距離核戦力全廃条約」、1991年に「第一次戦略兵器削減条約（STARTⅠ）」、さらに2002年には「戦略攻撃能力削減に関する条約（モスクワ条約）」が結ばれ、両国は着々と核兵器削減にむけて取り組んでいた。

ところが、2001年の同時多発テロで状況は一変した。当時のアメリカ大統領ブッシュは、テロリストや他国からのミサイル攻撃に怯《おび》え、ミサイル防衛システムの構築を開始。これにロシアが猛反発し、ヨーロッパ全体を射程とするミサイルの新規配備を打ちだすなど、核軍縮の流れは途絶えてしまったのである。

この状況をオバマが打破したわけだが、じつは彼の「核兵器のない世界」構想は、キッシンジャー元国務長官とシュルツ元国務長官、ペリー元国防長官、ナン元上院議員の4人が2007年1月に「ウォールストリート・ジャーナル」紙に発表した論文が元になっている。

この4人は、みな米の核政策を推しすすめてきた人物。そんな人物がなぜ核軍縮を唱えるようになったのかといえば、「アメリカにとっての最大の脅威は核兵器がテロリストの手に渡ることだ」と考えたからといわれている。

では、「核兵器のない世界」は本当に実現するのだろうか。

今回の条約締結により、アメリカとロシアは7年以内に戦略核弾道の配備上限を現行の2200発から1550発に、大陸間弾道ミサイルなど3種類の核弾道運搬手段を800基・機にまで削減することになる。

これはかなり大規模な削減といえる。

とはいえ、核兵器がすべてなくなるわけではない。なぜ完全撤廃しないのかというと、両国ともに、「最後の核兵器を捨てるのは、あくまで自国だ」と考えているからだ。先に全廃したところで相手に手のひらを返されてしまえば、軍事的には圧倒的不利に陥ってしまう。それを恐れているのである。

こうした考えは中国やフランスなども同様である。けっきょくは核保有国が話し合いをしながら、じょじょに減らしていき、最後にいっせいに核を放棄するしかないのである。

また、中国が削減に取り組む姿勢を見せていないという問題もある。アメリカとロシアは今後、他の核保有国をも巻きこんで交渉をつづけなければならない。「核のない世界」を実現するには、まだまだ時間がかかりそうである。

世界各国にはどんな諜報機関が存在するのか?

情報化社会といわれる現代の軍事活動では、諜報《ちょうほう》活動が何より重要になってくる。諜報活動によって得られる情報の有無、正確性のいかんによって軍事戦略は大きく左右され、引いてはそれが国家の存亡にかかわるケースもあるからだ。

世界には諜報機関を設けている国が多数存在するが、その活動内容は多岐《たき》にわたる。情報の収集・分析・評価など合法的な活動はもちろんのこと、情報源となる人物の買収・脅迫、相手国を攪乱《かくらん》するための情報操作、テロ・暗殺といった非合法活動まで行なう場合も少なくない。日々の新聞のスクラップから果ては暗殺まで、仕事の内容はじつに幅広いのだ。

名の知れた諜報機関としてはアメリカのCIA（アメリカ中央情報局）、ロシアのFSB（ロシア連邦保安庁）やSVR（ロシア対外情報庁）、イギリスのSIS、中国の国家安全部、イスラエルのモサドなどが挙げられる。

アメリカのCIAは、第二次世界大戦中に誕生した戦略事務局（OSS）が戦後改組された組織で、世界最大級の規模を誇る。情報収集や現地工作を担当する部門・国家秘密局の支局だけで世界100か国以上にあるといわれている。

東西冷戦終結後は、経済スパイ活動やテロ対策が彼らの重要な仕事のひとつとなったが、2001年の同時多発テロを阻止できなかったことは苦い過去だ。また、イラクに大量破壊兵器があるという誤報を出してイラク戦争を引き起こすなど近年は失敗が目立っている。

かつてCIAと並ぶ存在といわれていたのが旧ソ連のKGB（国家保安委員会）だ。1991年のソ連崩壊後はFSBとSVRに分割・改組され、FSBは国内諜報や防諜、保安部門を担当、SVRは対外諜報を引き継いだ。

どちらも多くの事件への加担が疑われており、1999年に起きたモスクワ爆弾テロ事件はチェチェン侵攻のきっかけをつくるためのFSBの自作自演だったという疑いがある。また、ロシア内の反体制派ジャーナリストの多くが、変死や失踪《しっそう》を遂げているのもFSBの仕業ではないかといわれている。

2010年には、アメリカでスパイ活動を行なっていたSVRの工作員11人が逮捕され、そのうちのひとりアナ・チャップマンがあまりに美しい女性だったことから、「魅惑の女スパイ」としてマスメディアで注目された。

世界一老舗の諜報機関が1909年に誕生したイギリスのSISだ。007シリーズの主人公ジェームス・ボンドも、SISの所属という設定になっている。じっさいSISは、第二次世界大戦中は、ドイツ占領下にスパイを送りこんで暗躍、ドイツ軍の使用していたエニグマ暗号の解読に成功して、大戦後半での連合軍の反攻に大きく寄与するなど目覚ましい活躍を見せた。

しかし近年は、CIAと同様にイラクが大量破壊兵器を保有しているというまちがった判断を下したり、2005年のロンドンでの同時多発爆弾テロを許すなど失敗が続出。人員増強の必要にかられ、新聞広告でスパイを募集して話題となった。

中国の諜報機関「国家安全部」の特徴は、中国人ビジネスマンや留学生、華僑《かきょう》人脈などを活用して世界各地に「スリーパー（沈底魚《ちんていぎょ》）」と呼ばれる長期潜伏工作員を忍ばせ、軍事情報はもちろん、西側技術情報の入手や、産業スパイ活動をさかんに行なっている点にある。

女性を利用したハニートラップ工作もさかんで、２００６年には上海の女性工作員と交際していた海上自衛官が、内部情報のコピーを外に持ちだすという事件が発覚した。中国は対台湾工作の拠点に日本を利用しており、多くの工作員が日本に潜伏しているといわれている。

組織の規模では列強国に劣るものの、能力の高さに定評があるのがイスラエルのモサドである。その実力はＣＩＡや旧ＫＧＢ、ＳＩＳに並ぶ世界最強クラスだといわれている。

モサドの主な任務はアラブ諸国への諜報活動、イスラエルに敵対的なテロ組織の暗殺や危険地域の在外ユダヤ人の保護などである。暗殺をはじめとした戦闘的任務のための実行部隊も存在している。２０１１年1月に、アラブ首長国連邦でパレスチナのイスラム原理主義組織ハマス幹部が暗殺された事件は、モサドの工作員によるものだといわれており、わずか10分ですべての犯行を終えるという、じつに鮮やかな手口が世界中を驚かせた。

では日本はどうかというと、日本には情報機関はあっても諜報機関は存在していない。情報機関としては「公安調査庁」「内閣情報調査室」「外務省国際情報局」の3つがあるが、基本的に他国から日本へのテロやスパイ活動に対する調査や捜査が主な仕事だ。つまり防衛に動いてもスパイはしないのである。自衛隊同様、日本は諜報活動についてもつねに受け身の姿勢をとっているのである。

21世紀の戦争は「サイバー空間」が舞台になる?!

従来の戦争は、陸軍や海軍、空軍が兵器をつかって直接交戦するのがふつうであった。だが現在、インターネットの発達によって、戦争のかたちが大きく変化しようとしている。近い将来、戦争は、なんとコンピュータのネットワーク上につくられたサイバー空間での攻防が主流になるとの説が唱えられているのだ。いわゆる「サイバー戦争」である。

サイバー戦争では、サイトに政治的メッセージなどを流す「サイト書き換え」や、システムに入りこんで不正に操作できる状態をつくりだす「システム侵入」、ウイルスソフトを送りこむ「ウイルス攻撃」、情報を盗みだす「サイバー・スパイ行為」、複数のコンピュータから大量にアクセスして正常に作動させなくする「DDoS（分散型サービス妨害）攻撃」、他人のIDやパスワードを盗用してネットワーク上で活動する「なりすまし」、偽のウェブサイトを利用して個人情報などを盗みだす「フィッシング」といったサイバー攻撃がなされる。

では、こうした攻撃が軍隊のサイバー空間に対して行なわれた場合どうなるか。まるで映画のような話だが、これはけっして絵空事ではない。じっさい、サイバー攻撃によって甚大な被害を受けた国もあるのだ。

たとえば、2007年9月、イスラエル軍がシリアの核疑惑施設を空爆したさいには、イスラエル軍がサイバー攻撃を用いたことによって、シリアの防空レーダーが撹乱《かくらん》され、戦闘機が領空に侵入したにもかかわらず、画面に何も映らなくなってしまった。これによって、イスラエルはまんまと爆撃を成功させたといわれている。

アメリカ軍はすでに15年も前からサイバー戦争を現実問題として意識しており、1997年には初の本格的なサイバー演習を実施している。2010年5月にはサイバー攻撃の脅威からネットワークを守るための専門部隊「サイバーコマンド」を発足させた。

日本も2000年から政府が本格的なサイバー対策に乗りだしており、米英仏などとの国際サイバー演習に参加している。２００５年には初めて陸上自衛隊に専従部隊を立ち上げ、08年には陸海空の３つの自衛隊が統合した「指揮通信システム隊」（約１６０人）を創設。現在は全自衛隊のネットワークへの不正侵入などの監視を行なっている。

世界各国のコンピュータに侵入しているといわれている中国も、２０１０年8月に「敵国からサイバー攻撃を受けた」という想定での大規模演習を行なったとされている。

民間企業がハッカー集団にサイバー攻撃を受けて大きな被害を受けたなどという事例は多く報告されているが、じつは国単位でも密かな攻防がくりひろげられているのだ。電力や水、金融、軍事施設などの基幹インフラにネットワークが張り巡らされている現代だけに、これからはサイバー戦争に勝ち残ることが国家存亡のカギになるかもしれない。

各国の〝宇宙軍創設〟で、宇宙戦争が現実になる?!

前項の〝サイバー戦争〟以上にＳＦじみた近未来の戦争が、宇宙戦争である。にわかには信じ難いだろうが、現在、世界には宇宙での軍備拡張に力を注いでいる国があり、宇宙戦争はけっして非現実的ではなくなってきている。

そもそも人工衛星が宇宙兵器開発の第一歩なのだ。人工衛星といえば、携帯電話やテレビのCS放送、自動車のナビゲーションシステム、気象衛星などに平和利用されているイメージが強い。

しかしながら、軍事面での衛星依存の度合いも計り知れない。たとえばアメリカ軍は偵察、通信、航行などさまざま軍事兵器システムを人工衛星に頼っており、人工衛星なしに戦略ミッションを遂行することはできないともいわれている。

また、アメリカは1985年にすでに宇宙軍を創設している。2002年に戦略軍に統合され、宇宙レーダー照射機やアルファ高エネルギーレーザーのふたつの宇宙レーザー兵器を開発中で、宇宙で軌道を回りながら偵察や宇宙空間の管理、さらには攻撃までを行なう航空機の開発もすすめている。

アメリカだけでなく、ロシアも宇宙軍をもっている。これまで宇宙開発競争をリードしてきた2大国だけに、じつに動きが早い。

新興国のなかにも宇宙での軍拡に力を入れている国がある。その代表格が躍進著しい中国とインドだ。

中国は2004年7月に宇宙戦略を策定し、近い将来、「航空宇宙作戦指揮センター」を設立して宇宙軍を創設する予定だ。敵国の人工衛星破壊技術の開発もすすめており、2007年1月には衛星攻撃兵器（ASAT）を発射して、はるか上空を回る気象衛星を破壊する実験に成功した。

インドは2007年10月にアメリカ、ロシア、中国、日本についで、月探査衛星の打ち上げに成功した。月探査の目的は戦略的に重要な鉱物であるヘリウム3や水の発見、月の地図の作製などとされているが、インド陸軍と空軍は将来的に「航空宇宙軍」を創設して、4～6個の衛星を展開すると主張している。

このように、軍拡競争は宇宙にまでひろがっている。いつの日か、宇宙空間で各国の軍隊が火花を散らすことがあるかもしれない。

ロボット兵器の活躍で、戦場から人がいなくなる?!

9・11の同時多発テロ以降、アメリカが国家の威信にかけて探しつづけていたオサマ・ビンラディンを殺害したのはアメリカ海兵隊特殊部隊だったが、その襲撃作成の陰には最新鋭兵器の存在があった。

その兵器の名はRQ‐170センチネル。ひじょうに静かで探知されにくいうえ、デジタル映像と音声を配信することができる無人航空機だ。RQ‐170センチネルはビンラディンの潜伏先上空で約1か月ものあいだ、じっと監視をつづけていたという。

殺害ミッション遂行中、オバマ大統領らが官邸でライブ配信を見ている様子が世界的なニュースになったが、彼らが見ていたのはRQ‐170センチネルからの映像だったのである。

このRQ‐170センチネルをはじめとした無人兵器やロボット兵器は、いまや戦場で欠かすことのできない兵器になりつつある。とくにアメリカ軍への普及は顕著で、陸軍のある退役将校が「大ロボット軍が生まれつつある」と述べたほどだ。

2008年末にはイラクだけでも1万2000台に達するロボットシステムが地上に投入され、空中でも無人航空機が大量に飛んでいる。アメリカが無人兵器を多用しはじめたのは9・11同時多発テロ以降で、オバマ政権になってさらに急増した。

アメリカはさまざまな無人兵器、ロボット兵器を保有しているが、RQ‐170センチネル以外で有名なのは無人航空機プレデターだろう。

全長約8メートルと小ぶりな機体は、重さわずか510キログラム。まるでおも

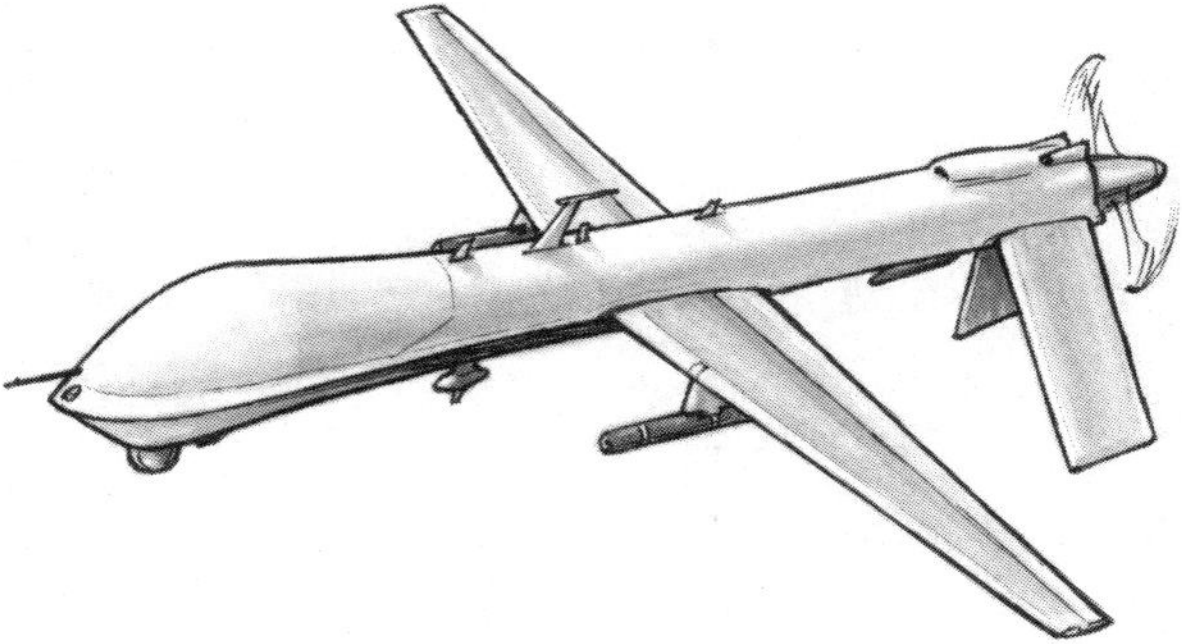

プレデター／巡航速度100キロ。無人哨戒機として開発され、現在は空対地、空対空ミサイルを搭載したタイプも活躍している

ちゃのようだが、滞空時間は約24時間、7900メートルの上空を飛行することもできる。整備兵と地上クルーは戦闘地域に赴《おもむ》き、プレデターだけが戦場へとむかう。

パイロットはアメリカ本国にいても操作することができる。アメリカではCIAによる暗殺活動にも利用されており、パイロットがオフィスビルでパソコンのモニターを見ながらキーボードを叩いてターゲットを暗殺する、という驚くべき手法がとられている。

無人兵器を積極的に利用しているのはアメリカだけではない。イスラエルは自軍の犠牲者ゼロをめざす無人兵器の開発で世界の先端を走っており、2006年のレバノン紛争では、軍の無人機の飛行時間が有人機を上回った。イスラエル製の無人機は米軍や仏軍も採用しており、インドや韓国など世界中の軍隊で使われている。

無人航空機は、狙撃される危険のある敵の上空でもゆっくりと低空飛行できるし、地上ロボットは、小さなボディでまるでリモコンカーのような簡単な操作で、どこへでも送りこむことができる。

まさにテレビゲームのような戦いが、世界のあちこちで現実にくりひろげられているのだ。むろん、傷つくのはゲームのキャラクターではなく、人間そのものなのだが……。

原油の高騰で、省エネへとむかう軍隊

現在、至るところで地球環境の保護、省エネの推進が謳《うた》われている。そうした動きは軍事面でも同じであり、アメリカ軍は省エネ作戦を開始している。

２０１０年3月、オバマ大統領は、今後10年でアメリカ海軍はすべての艦船や航空機の燃料の半分を代替エネルギーでまかなうようにすると発表した。そして、その計画の一環として、4月22日の「地球の日」にバイオ燃料で飛ぶ戦闘機「グリー

軍事費を圧迫する原油の高騰

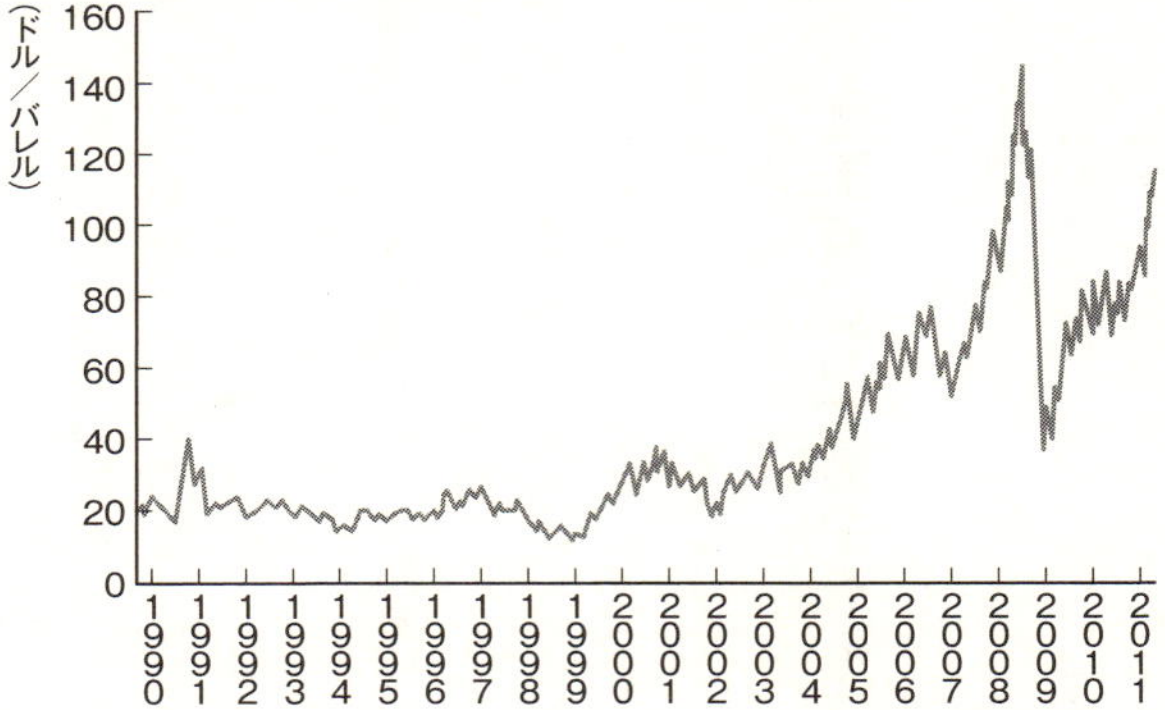

(West Texas Intermediate)

ン・ホーネット」のテスト飛行を行なうと述べた。〝環境に優しい〟アメリカ軍をめざそうというのだ。

こうしてアメリカ軍の省エネ作戦が開始されたわけだが、背景には地球環境保護のほかに2004年ごろからはじまった原油価格の高騰もある。

アメリカは石油消費量の約5割を輸入に頼っており、産油国でのトラブルや市場の状況変化によっては、いつエネルギー不安に襲われるかもわからない。また、中国やインドといった新興国の台頭により、石油資源の争奪戦がいま以上に激化することも考えられる。

石油が安定価格で確保できなくなれば、軍の活動にも確実に支障をきたすし、アメリカ軍全体のパワーダウンにもつながりかねない。そこで浮上してきたのがバイオ燃料で動く兵器だったのである。

省エネ作戦は、バイオ燃料兵器だけにとどまらない。たとえば陸軍は特別なプロジェクトチームを編成し、部隊に具体的な省エネ目標値を定めるよう求めるなど、省エネの徹底化をはかっている。

空軍も「需要を減らし、供給を増やし、認識を変えよう」というモットーを掲げて省エネへの努力推進を訴えている。

「軍隊」と「省エネ」という、いっけんミスマッチな取り合わせによる取り組みだが、裏を返せば、エネルギー危機が、それだけ喫緊《きっきん》の問題であるという証左《しょうさ》だといえるだろう。

世論操作によって戦争を遂行させる戦争広告代理店

企業にとってイメージ戦略や広報活動はひじょうに重要である。広告代理店はそうした事業を専門的に請け負い、多くの企業の業績アップに貢献している。

しかし、この広告代理店の手法が、戦争でも利用されているとしたらどうだろうか。じつは現代では「戦争広告代理店」と呼ばれる企業があり、国際的な世論操作を行なっているのだ。

戦争広告代理店の存在がクローズアップされたのは、1991年に勃発した湾岸戦争のときだった。開戦前夜の1990年10月10日、15歳のクウェート人少女が、「サダム・フセインのイラク軍部隊がクウェート内の病院で保育器から赤ん坊を引きだし、床の上に放りだして保育器を持ち去った」と証言した。この話を当時のアメリカ大統領ブッシュや上院議員、新聞記者などが何度もくり返し紹介すると、アメリカ国民はフセインとの戦争を支持するようになっていった。

ところが、このエピソードは真っ赤な嘘だった。後日、アメリカの大手PR会社ヒル&ノウルトン社がでっちあげたものだったことが判明したのだ。ヒル&ノウルトン社はクウェートの石油王たちから依頼を受け、戦争プロパガンダを行なったというのである。

1990年代半ばからのボスニア紛争やコソボ紛争でも、戦争広告代理店が大きな役割を果たした。ボスニア紛争のさい、ボスニア政府はアメリカの広告代理店ルーダー・フィン社に依頼して「セルビア悪玉論」を世間に訴えさせたといわれているのだ。

ルーダー・フィン社の手法のひとつは、「民族浄化」という言葉を使い、国際社会にセルビア人の残虐的で差別的なイメージを植えつけるというものだった。その結果、世界中の人々がボスニアの味方をしはじめた。悪者と見なされセルビアは、国際社会から経済制裁を受け、ボスニアの独立を容認せざるを得なくなった。

ルーダー・フィン社は、コソボ紛争のさいにもコソボ政府をクライアントとして、コソボ独立の正当性を世間に訴えた。その効果もあって、コソボは悲願の独立を果たすことができたのである。

近年の事例では、イラク戦争での戦争広告代理店の暗躍が指摘されている。

2005年11月、アメリカの「ロサンゼルス・タイムス」紙上で、アメリカ軍がつくった親米的な記事を何百本もイラク紙に提供して掲載させていたPR企業「リンカーン・グループ社」の存在がスクープされた。リンカーン・グループ社は、アメリカ政府と12件、約1億3000万ドル（約154億円）もの契約を結び、世論を親米に仕向けるためのニュース記事を地元紙に書いたり、反テロ漫画やパンフレットを配るなどしていたとされる。

世論を動かし、戦争の行方までも左右してしまう戦争広告代理店。いまや広告合戦が戦争の勝敗のカギを握っているといっても過言ではないだろう。

フランスをはじめ世界で活躍する傭兵

海外の軍隊には「傭兵《ようへい》」と呼ばれる兵士が存在していることがある。傭兵とは、国籍に縛られずに自らのスキルで世界各国の部隊に所属し、給与を得ている兵士のこと。つまり、戦闘のプロフェッショナルである。

傭兵の歴史は古い。ギリシャの学者兼傭兵隊長クセノフォンが著した『アナバシス』によれば、紀元前431年に始まったペロポネソス戦争のさい、ペルシャの王子キュロスが行なった遠征に、多くの傭兵が参加した。総勢5万人のキュロス軍のうち、1万3000人が傭兵だったといわれている。

20世紀の事例では、1961年4月に行なわれたカストロによるキューバへの侵攻作戦で、傭兵部隊が大きな役割を果たした。旧キューバ軍将校団のもとに職を失った元戦闘員などが各国から集まって「アルファ66」という傭兵団を結成し、国家を転覆《てんぷく》させようとしたのだ。

そして、現代においても多くの傭兵が世界中の軍隊で活躍している。そのなかでもっとも有名なのが、フランスの外人部隊だ。

フランスの外人部隊には世界130か国から7700人の男たちが集まっている。入隊資格は20歳から40歳の男子で、国籍は問われず、偽名での申しこみもできる。というより、入隊すると「偽名」と「偽出身地」が与えられ、本名や出身地を捨てなければならない。これは、情報漏れを防ぐためである。

契約書にサインして入隊すると、フランス軍（陸軍）の一員になるための訓練が施され、フランス語から武器の取り扱い方までを学習する。公務員扱いなので給料も立場も安定している。

近年は、採用基準が厳しくなっているが、日本の暴力団員が武器の使い方を習う目的で入隊したり、強盗・殺人などの重犯罪者が応募することもあるという。しかし、そうした日本人の場合、フランス語のトレーニングで挫折《ざせつ》する者も多いという。また重犯罪者は偽名で通せても、指紋でインターポール国際警察に照合され、失格となる。

一度入隊したら5年間は除隊できず、いざ戦争になれば第一線に配置される。近年、フランス軍は旧植民地であるアフリカの紛争・内乱へ参加するケースが増えており、部族間抗争に巻きこまれて過酷な拷問《ごうもん》の末に殺される傭兵が少なくない。傭兵は、つねに死と背中合わせなのだ。

各国の軍隊にはびこる壮絶なイジメの実態

戦争を描いた映画などでは、上官が部下を殴るシーンがよく出てくる。こうした軍隊内のイジメは、なにも映画のなかだけの話ではない。世界のあらゆる国の軍隊でイジメが横行している。

軍隊は力がモノをいう世界だから、多少の乱暴行為や体罰などは致し方ないという意見もあるだろう。しかし、なかには度の過ぎたイジメを行ない、何人もの兵士を死に至らしめているケースもあるといわれている。

たとえば韓国の場合、軍隊内での体罰やイジメが１９６０年代からつづいており、深刻な社会問題になっている。

２００５年夏には、部隊内で暴力を受けていた20歳の兵士が、先輩兵士２人を小銃で撃って脱走した後、自殺するという事件が発生した。２００６年には、陸軍の22歳の兵士が、山の中で首つり自殺し、遺書には軍隊内のイジメや暴力が訴えられていたと報道された。

しかし、これらは氷山の一角だ。韓国のテレビ局の報告によれば、過去50年の軍隊の死者約1000人のうち、30～40%は自殺者とされている。しかもこの数は年年増えており、2009年の年間死者数113人のうち、なんと81人が自殺だというから驚く。

韓国全軍は、国防部からの命令により暴力禁止を掲げたが、イジメが完全に消えるまでには至っていない。

そもそも韓国は、北朝鮮という脅威がすぐ隣にあるため、約2年の兵役義務が課されている。しかし、若い世代には規律が厳しい軍隊で生活することへの抵抗感が強い。

それにくわえ、先のようなイジメや暴力行為の実態が明らかになったことから、最近はわざと自分の体に傷をつけて徴兵を逃れようとしたり、親が賄賂《わいろ》を使って息子を楽な勤務に回してもらおうとしたりといった事件が続出している。

また、ロシア軍でも深刻なイジメ問題が起きている。

2005年12月にはロシア中南部のチェリャビンスクの戦車学校で、酒に酔った上官が兵士をベッドに縛りつけて数時間にわたって暴行し、兵士が両足と性器を切断せざるをえないほどの重傷を負うという事件があった。

この兵士は何とか命はとりとめたが、暴行事件で死亡した兵士を事故や自殺扱いで処理するケースも珍しくないとされる。

じっさい、ロシア軍では2005年〜08年の4年間で戦闘以外の原因で年平均700人もの兵士が死亡しており、そのうちのかなりの数が自殺や殺人だといわれている。

日本も例外ではない。自衛隊で自殺者が相ついでおり、1995年には49人だった自殺者が、2005年には101人にも増加している。

自殺の隠れた原因のひとつとして囁《ささや》かれているのが自衛隊内のイジメだ。防衛庁は「自殺事故防止対策本部」を設置し、隊員のメンタルヘルスにかんする啓発やカウンセリング態勢の強化などをはかっている。

年間自殺者160人…止まらない米軍兵士の自殺

韓国やロシアなど世界各国の軍隊で、イジメによる兵士の自殺が急増していることは前項で述べたとおりだ。しかし、兵士の自殺は、なにもイジメによるものだけではない。アメリカでは、じっさいに戦場にいった兵士が帰国後に精神を病んで自殺するという事例が急増している。

アメリカで兵士の自殺者が増加傾向を見せはじめたのは、イラク戦争の開戦翌年の２００４年からだった。２００８年には１２８人、２００９年には１６０人に達し、過去最悪を記録した。これは、戦闘で死亡した兵士の数よりも多い。しかも、自殺未遂者に至っては２００９年に１７１３人という驚くべき数字となっている。

自殺者が急増した原因は、イラクやアフガニスタンでの戦争が長引いたことで、多くの兵士が心的外傷後ストレス障害（ＰＴＳＤ）などを患《わずら》ったためと見られている。ＰＴＳＤとは災害や犯罪などのトラウマ的な体験により、精神不安などの後遺症に見舞われるストレス障害で、治療するには専門医の助けが要る。

ＰＴＳＤは退役した軍人にもあらわれる。２００８年には退役軍人のなかから６５００人もの自殺者が出ており、この数字は毎日18人ずつ自殺した計算となる。

また、自殺までは至らなくても、残酷な場面や危険な状況に直面した経験から不安感や無力感にさいなまれたり、社会に順応できずにアルコールや薬物依存に陥り、挙句の果てにホームレスになるという人も少なくない。アメリカのホームレスの約４分の１が退役軍人だという報告もある。

さらに深刻なのが女性兵士の後遺症だ。アメリカ軍では現在約20万人、兵力の15％に相当する女性兵士が従事しているが、その多くがＭＳＴ（ミリタリー・セクシャル・トラウマ）を訴えているといわれている。

これはいわゆるセクハラ後遺症で、戦地で上官などから性的暴行やセクハラ被害を受けた女性が、その後ＰＴＳＤと同じ症状を示すようになる。女性の退役兵士の自殺に関する調査によると、18～34歳の女性退役兵士の自殺の割合が、一般の女性より3倍近くも高いとされる。

アメリカ軍はこうした状況に直面し、兵士のカウンセリングを強化するなどの対策を実施。オバマ大統領も、２０１０年7月に兵士や元兵士のＰＴＳＤの申請手続きを簡略化するなどの対策を講じている。しかし、依然として自殺の増加には歯止めがかかっておらず、深刻な状態がつづいている。

戦闘への参加を強要される少年兵の過酷な現実

アフリカ大陸にはいまも激しい内戦や紛争が頻発している。その様子を映像や写真などで目にすると、まだあどけなさの残る少年が兵士として参加していることがあり、ひどく驚かされる。

国連は「武力紛争への子供の関与に関する子供の権利条約の選択議定書」におい

て、18歳未満の子供を兵士とすることを禁じている。しかし、この条約は十分に守られているとはいえない。

発展途上国では子供の権利がしばしば無視されており、少年兵もたくさん存在する。ユニセフの推定によると、リベリア内戦では各ゲリラ組織の総兵力の3分の1が少年兵だったといわれ、世界では30万人もの子供が少年兵になっているという現実があるのだ。

少年兵のなかには、経済的に貧しい家庭に生まれたことから、食糧や住居や洋服を得るために自ら参加している者もいる。しかし、突然誘拐されて強制的に兵士として働かされている者も多い。村を兵士たちに襲われ、子供たちは銃を突きつけられて強制的に連れ去られていく。そうなると、兵士になるしか生き残る術はない。

では、なぜ少年兵を使う軍隊が後を絶たないのか。その理由は、子供は従順で命令に従いやすいうえ、敵から警戒されにくいからだ。

通常、少年兵は大人の兵士の世話をしたり、スパイ活動をさせられたりとさまざまな任務をこなしている。だが最近は、旧ソ連製のAK-47のように軽くて子供でも扱える武器があることから最前線に立つこともある。また、地雷源で部隊の先頭を歩かされるなど、〝消耗品〟として扱われることも多い。

兵士として利用されているのは少年だけではなく、魔の手は少女にも及んでいる。彼女たちは兵士としての任務のほか、ときに大人の兵士たちの性的奴隷として役目を果たさなければならない。あまりにひどい話である。

たとえ戦争が終わって日常の生活にもどったとしても、精神的・肉体的に傷ついた少年兵たちが、その後、社会復帰するのはかなりの困難をともなう。少年兵をなくすことはもちろん、じっさいに少年兵として使われた少年少女たちの教育や心身のケアなど、解決しなければならない課題は多い。

兵士が食べている「ミリメシ」は、こんなに進化した！

ナポレオンは「腹が減っては戦《いくさ》ができぬ」という名言を残している。さすがナポレオン、いかに屈強な兵士でも、計算され尽くした戦略をもってしても、空腹には勝てないことを知っていたようだ。

ナポレオンが活躍した19世紀初頭、戦時中の戦闘糧食は現地調達が基本だった。そのため、軍の進撃ルートや作戦期間に大きな制約を与えることにもなった。

こうした不便さを解消しようと後年、さまざまな戦闘糧食が生みだされたが、そのルーツは17世紀にフランス軍が兵士に支給したパンだったといわれている。

やがて保存性に優れた食糧が必要とのことから缶詰が開発された。缶詰は軽量でカロリーが高い食品も長期間保存することができることから、長く定番として利用された。現代の日本の自衛隊でも「戦闘糧食I型」として、主食や副食として利用されており、疲れをいやすための甘みやスナック類などもある。

アメリカでベトナム戦争のころから実用化されてきたのが、パック入りの食糧だ。これは缶詰より軽量でかさばらないことから、歩兵の行軍に便利として急速に普及した。日本の自衛隊も１９９０年からパック詰めタイプを実用化している。

パック入り食糧の技術は民間にも転用されている。われわれが日ごろ親しんでいるレトルトパックがそれだ。近年は加熱剤がついていて、袋に水と加熱剤と調理済みの食材を入れるだけで、数分でポッカポカになるという優れモノも登場している。

こうした食糧はしだいに進化しており、アメリカ軍ではＦＳＲやＰＥＲＣｓ（能力増強糧食）とよばれる、ひじょうに軽量でコンパクトな戦闘糧食が登場した。日本で販売されているバー状の栄養補助食品などは、これと同じような技術から誕生したものだ。

とにかくすばやく栄養補給ができて、しかも味も優れた戦闘糧食の数々。今後さらに技術がすすめば、民需転用されることで、私たちの食卓にも「はやい」「うまい」という画期的な新食品が登場するかもしれない。

非武装中立の理想を貫き、本当に軍隊をもたない国がある！

日本は憲法で戦争放棄と戦力不保持と交戦権の否認を規定している。こうした平和憲法をもっているのは日本だけ、と思っている人は少なくないだろう。じつは世界には似たような内容の憲法をもつ国がいくつかあり、中米のコスタリカもそのひとつに数えられる。

コスタリカは日本同様、憲法に戦力不保持を明示している。ただし、同じ戦力不保持でも日本と大きく違う点がある。日本は自衛隊という事実上の軍隊をもっているが、コスタリカは自衛隊のような常備軍をもっていない。

かろうじて〝戦力〟と呼べそうなのは6000人の警察官と、自動小銃などで装備した2000人の国境警備隊であるが、警察官は拳銃を携帯せず、もっているのはこん棒だけ。国境警備隊も軍艦や戦闘機は保有しておらず、ボートやセスナで任務にあたっている。

中米はかつて国際紛争や内戦が頻発した不安定な地域だった。そうした地域に位置していながら、なぜコスタリカは軍も兵器も放棄できたのだろうか。

じつはコスタリカも1948年に内戦が起きている。このとき、わずか1か月半の戦いで2000人が死亡した。わずか70万人（当時）の国で2000人が一気に死亡するというのはたいへんな出来事であった。

そこで内戦に勝利したフィゲーレス派の軍事評議会は、49年に憲法で常備軍の廃止を決定し、同時に永世中立政策を採用した。つまり軍事的な勝者が、軍事の放棄を決定したのである。この点が、第二次世界大戦の敗戦後、占領軍の草案に従って平和主義を唱えた日本とは大きく異なる。

ただ、当然他国から侵略される危険性も懸念されることから、コスタリカ政府は南北アメリカ諸国が参加する「米州機構」で発効された「リオ条約（米州相互援助条約）」に加盟した。これは、加盟国のどこかが攻められたら、他の加盟国がその国を助けるという集団安全保障の条約だ。

コスタリカは軍隊がないために他国を軍事的にサポートすることはできない。しかし、戦争のさいの負傷者の手当てや難民のケア、さらにはふだんから戦争が起こらないように平和努力をするなど、軍事力ではない方法で責任を果たすと宣言して、加盟が認められた。

80年代の前半には、軍備を増強するように米国からの圧力を受けたが、コスタリカはこれを拒否したという経緯がある。また、アメリカがニカラグアの内戦に介入し、コスタリカに飛行場の建設をすすめようとしたさいも、これを断固として拒否している。

強国アメリカの要請をも断り、断固とした平和路線をすすむコスタリカ。その「鍛えられた強い平和主義」の姿勢は、世界的に見ても、きわめてレアな成功例として注目に値するだろう。

＊　＊

さて、いかがだっただろうか。世界情勢とともに、軍事の世界も大きく変化していることがおわかりいただけたと思う。世界の軍事について知識を深めることで、今後の日本のあり方についても、よりひろい視点から、認識を深めていきたいものである。

◉左記の文献等を参考にさせていただきました――

【書籍】

『米軍再編と在日米軍』森本敏、『中国はなぜ「軍拡」「膨張」「恫喝」をやめないのか』櫻井よしこほか編（文藝春秋社）／『北朝鮮に備える軍事学』黒井文太郎、『凶器の核武装大国アメリカ』ヘレン・カルディコット、『日米同盟崩壊』飯柴智亮（集英社）／『アフリカ 資本主義最後のフロンティア』「NHKスペシャル」取材班（新潮社）／『自衛隊はどこまで強いのか』田母神俊雄ほか（講談社）／『地図で読む世界情勢』ジャン-クリストフ・ヴィクトルほか（河出書房新社）／『14歳からのリアル防衛論』小川和久、『東アジア戦略概観2011』防衛省防衛研究所（PHP研究所）／『別冊宝島勃発！日米韓VS北朝鮮』『別冊宝島世界のスパイ』（宝島社）／『最新日本の対テロ特殊部隊』菊池雅之ほか、『図説自衛隊の国土防衛能力』河津幸英（アリアドネ企画）／『もしも日本が戦争に巻き込まれたら！』小川和久（アスコム）／『自衛隊と世界の最新兵器　別冊歴史読本63号』（新人物往来社）／『特殊部隊』ヒュー・マクマナーズ（朝日新聞社）／『ミリダス　軍事・世界情勢キーワード事典』大波篤司（新紀元社）／『アジアの安全保障2010-2011』財団法人 平和・安全保障研究所（朝雲新聞社）／『誰も知らない自衛隊の真実』井上和彦（双葉社）／『戦争民営化』松本利秋（祥伝社）／『フランス外人部隊のすべて』古是三春ほか（イカロス出版）／『面白いほどよくわかる自衛隊』志方俊之監、『面白いほどよくわかる世界の軍隊と兵器』神浦元彰監、『最新版「タブー」の世界地図』世界情勢を読む会編（日本文芸社）／『世界軍事情勢　2011年版』財団法人史料調査会（原書房）／『軍隊のない国家』前田朗（日本評論社）／『シンガポールを知るための62章【第2版】』田村慶子、『現代フランスを知るための62章』三浦信孝ほか（明石書店）／『人民解放軍』竹田純一（ビジネス社）／『「対テロ戦争」と現代世界』木戸衛一編、『アフリカと政治』戸田真紀子（御茶の水書房）／『最新版紛争の世界地図』大井功（祥伝社）／『兵器と軍事の謎と不思議』松本利秋（東京堂出版）／『戦争依存症国家アメリカと日本』吉田健正（高文研）／『国際安全保障データ2010-2011』上田愛彦ほか（鷹書房弓プレス）／『日本の軍縮・不拡散外交（第五版）』外務省軍縮不拡散・科学部編／『兵器と軍事の謎と不思議』松本利秋（東京堂出版）／『世界のミリメシを実食する』菊月俊之（ワールドフォトプレス）／『なるほど知図帳世界2011』（昭文社）／『池上彰の学べるニュース3』池上彰（海竜社）／『ロボット兵士の戦争』P・W・シンガー（日本放送出版協会）／『図説よくわかる世界の紛争』毎日新聞外信部（毎日新聞社）／『2010年版「今」がわかる！世界経済ダイジェスト』高橋進監修（高橋書店）／『米中が鍵を握る東アジア情勢』浅井信雄、『日本に足りない軍事力』江畑謙介(青春出版社)/『アメリカにはもう頼れない』日高義樹(徳間書店)/『民間軍事会社の内幕』菅原出(筑摩書房)/『戦争サービス業』ロルフ・ユッセラー(日本経済評論社)/『図解韓国のしくみ Version2』深川由起子(中経出版)/『核大国化する日本』鈴木真奈美(平凡社)/『核を追う』吉田文彦編+朝日新聞特別取材班(朝日新聞社)/『軍事大国化するインド』西原正ほか編(亜紀書房)/『「新冷戦」の序曲か』木村汎ほか(北星堂)/『「図説」中国力』矢吹晋(蒼蒼社)/『裏読み世界地図』日本経済新聞社編(日本経済新聞社)/『決定版世界の特殊部隊FILE』白石光(学習研究社)/『隠して核武装する日本』槌田敦ほか(影書房)/『軍事・防衛は大問題』長谷川慶太郎(東洋経済新報社)/『そして戦争は終わらない』デクスター・フィルキンス(日本放送協会出版)/『対立からわかる!最新世界情勢』六辻彰二(成美堂出版)/『21世紀の中東・アフリカ世界』青木一能ほか編(芦書房)

【新聞・雑誌】

朝日新聞/産経新聞/毎日新聞/読売新聞/日本経済新聞/東京新聞/琉球新報/山陽新聞/サンケイスポーツ/日経ビジネス/NEWSWEEK/週刊ポスト/SAPIO/エコノミスト/週刊東洋経済/WEDGE infinity

【ホームページ】

AFP/日本テレビ/ZAKZAK/チャイナネット/レコードチャイナ/チャイナネット/朝鮮日報/大紀元/ブルームバーグ/ストックホルム国際平和研究所/フランス外人部隊公式/日経ビジネスオンライン/日経BSネット/Swissinfo/NHK/JETRO/WIRED VISION/ボイスプラス/櫻井よしこ公式ブログ/ギズモード・ジャパン/外務省/東京外国語大学/BSフジ/JBpress/WOW! Korea/ロイター/LANDMINE MONITOR/地雷廃絶日本キャンペーン/FOREIGN AFFAIRS JAPAN/在日ブラジル商業会議所/在ボリビア日本国大使館/時事通信社/日本テレビ/ロケットニュース24/共同通信社

KAWADE
夢文庫

世界の軍事力が2時間でわかる本

二〇一一年一〇月一日　初版発行

著　者……ニュースなるほど塾[編]

企画・編集……夢の設計社
東京都新宿区山吹町二六二〒162-0801
☎〇三―三二六七―七八五一（編集）

発行者……小野寺優

発行所……河出書房新社
東京都渋谷区千駄ヶ谷二―三二―二〒151-0051
☎〇三―三四〇四―一二〇一（営業）
http://www.kawade.co.jp/

装　幀……川上成夫＋千葉いずみ

印刷・製本……中央精版印刷株式会社

組　版……株式会社翔美アート

Printed in Japan ISBN978-4-309-49810-2